每天一堂心态提升课

编著 谢涛

中国纺织出版社有限公司

内 容 提 要

心态能成就一个人，也能摧毁一个人。因为心态掌控了人的思想和行动，也决定了我们内心是否平静和快乐。心态积极，就会拥有积极的人生。

本书运用大量的实例，告诉我们成功和幸福的秘诀在于心态的把握，内容涉及生活、工作、爱情和婚姻，以及社交人际，并提供了切实可行的方法，希望能帮助读者获得良好心态，从而把握人生，拥抱幸福。

图书在版编目（CIP）数据

每天一堂心态提升课 / 谢涛编著. --北京：中国纺织出版社有限公司，2020.1

ISBN 978-7-5180-6866-1

Ⅰ.①每… Ⅱ.①谢… Ⅲ.①成功心理—通俗读物 Ⅳ.①B848.4-49

中国版本图书馆CIP数据核字（2019）第229761号

责任编辑：李 杨　　责任印制：储志伟

中国纺织出版社有限公司出版发行

地址：北京市朝阳区百子湾东里A407号楼　邮政编码：100124

销售电话：010—67004422　传真：010—87155801

http://www.c-textilep.com

中国纺织出版社天猫旗舰店

官方微博http://weibo.com/2119887771

北京市密东印刷有限公司印刷　各地新华书店经销

2020年1月第1版第1次印刷

开本：880×1230　1/32　印张：7

字数：129千字　定价：39.80元

凡购本书，如有缺页、倒页、脱页，由本社图书营销中心调换

前　言

在谈心态这一问题之前，我们不妨先来看一个小故事：

塞尔玛陪伴丈夫驻扎在一个沙漠的陆军基地里，丈夫奉命到沙漠里去演习，她一个人留在陆军的小铁皮房子里，天气热得受不了——在仙人掌的阴影下也有125华氏度。她找不到人聊天——身边只有墨西哥人和印第安人，而他们不会说英语。她非常难过，于是写信给父母，说要丢开一切回家去。

她父亲的回信只有两行，这两行字却永远留在她心中，并且完全改变了她的生活：

两个人从牢中的铁窗望出去，一个看到泥土，另一个却看到了星星。

塞尔玛一再读这封信，觉得非常惭愧。她决定要在沙漠中找到星星。

塞尔玛开始和当地人交朋友，他们的反应使她非常惊讶，她对他们的纺织、陶器感兴趣，他们就把最喜欢但舍不得卖给观光客人的纺织品和陶器送给了她。塞尔玛研究学习那些引人入胜的各种沙漠植物、动物。她观看沙漠日落，还寻找海螺壳。这些海螺壳是几万年前，当沙漠还是海洋时留下来的。原来难以忍受的环境，变成了令人兴奋、流连忘返的奇景。

是什么使这位女士内心发生了这么大的转变呢？沙漠没有改变，印第安人也没有改变，但是这位女士的念头改变了、心态改变了。一念之差，使她把原先认为恶劣的情况变为一生中最有意义的冒险。她为发现新世界而兴奋不已，并为此出版了一本书《快乐的城堡》。她从自己造的牢房里看出去，终于看到了星星。

人们常说心态决定命运。的确，心态掌控了人的行动和思想，也决定了我们内心是否平静和快乐。我们是否感到幸福，并不是因为我们身在何处、拥有何物或我们是何人，而是取决于我们的心态，也就是我们是如何看待周遭的人、事、物的，心态积极，就会拥有积极的人生。

大仲马曾说："烦恼与欢喜，成功和失败，仅系于一念之间。"托马斯·杰斐逊曾说："一个人如果态度正确，便没有什么能够阻拦他实现自己的目标；如果态度错误，就没有什么能够帮助他了。"王尔德更说过："人真正的完美不在于他拥有什么，而在于他是什么。"

可以说，心态不是人生的全部，却左右了人的全部人生！事实上，我们每个人都要与自己的内心一生相伴，所以没必要心情低落，要高兴健康地度过每一天。然而，在苍茫而短暂的人生中，人怎么样可以变得无畏，变得淡定而不仓惶？这需要每个人在心中找到一个符号的寄托。一旦找到这样一个寄托，便会给你这一生找到一个依凭，找到自己的一个内心根据地。

本书就是这样一本心灵指导书，它从生活中那些能左右我们心情的种种人、事、场景出发，运用简洁精练的语言，通过生动和新颖的案例向我们诠释了心态在人生中举足轻重的作用，并告诉人们如何改变消极的心态，拥有积极的心态，进而开拓成功的人生。

编著者
2019年9月

目录

第01章

情绪转移，用积极快乐代替消极负面的情绪

生活中难免会遇到一些不顺心的事情，不好的情绪如果没有及时得到宣泄，会有害身心健康。当我们被坏情绪所困扰，又无处发泄的时候，不妨尝试转移坏情绪。我们可以有意识地做别的事情来分散注意力，缓解情绪，如听音乐、散步、打球、看电影、骑自行车等，都能将心中的苦闷、烦恼、愤怒、忧愁、焦虑等不良情绪宣泄出去。

负面情绪来袭，转移法解决

情绪，是一把双刃剑。当情绪被我们牢牢地掌控时，情绪就成为我们的奴隶，我们随时可以让坏情绪远离我们。无论顺境逆境、成功失败、得意失意，我们始终能保持冷静的头脑从容面对、泰然处之，体现修养和品质。但当情绪占据了我们的生命的主要部分而挥之不去时，我们便会沦为情绪的奴隶。此时，坏的情绪可能使我们变得盲目、冲动、急躁、易怒，由此，我们生活的常规被改变，人生的帆船在飘摇，于是失落、伤感、沮丧、绝望接踵而至，我们甚至会变得歇斯底里，最终被情绪逼进死胡同。其实，谁都有坏情绪，面对坏情绪，只要我们积极调节，就能及时消除，其中，重要的方法之一就是转移法。

薇琪是一家外企的职员，她心地善良，也受到很多同事的欢迎。可是令她不明白的是，许多和自己一起进公司的同事都晋升了，而自己还原地不动。

有一次，公司准备派一个女职员去接待合作公司的代表，薇琪想：“这次该是我去了吧，我是公司外语最好的，应该没有理由不让我去了。”可是，第二天，公司还是没让她去，而是让一个新人去了。这让薇琪很不舒服，这次她再也忍无可忍了。她准备找主管问清楚，当她正准备进主管办公室时，她在门外听到主管和经理的对话。

“经理，这样不好吧，薇琪的能力挺强的，这样是不是太伤她的心了？”

“就她那个暴脾气，万一她和合作方代表两句话不对头，吵起来都说不定，我可不能让她砸了公司的生意。你们有时间也多去劝劝薇琪改改自己的脾气，能力再强也不能总将工作情绪化，这是我们公司员工必备的素质和修养。”

这些话被门外的薇琪听见了，她终于知道自己的致命弱点了，怪不得以前大家都说在这家公司必须得养个好性子，否则别想升职，这次她算是明白了。

后来，薇琪尝试着控制自己的情绪，每次当自己要发脾气时，她都会选择以写字的方式来转移情绪。当她写了满满一页纸之后，心情也就变好了。一段时间以后，她的谈吐果然不一样了，整个人的气质也由内而外改变了很多。这些改变都被领导看在了眼里，当然她的晋升梦也实现了。关键的是，她的品质和修养得到了提升。

我们最大的敌人永远是自己，坏情绪就像弹簧，假如你的勇气一次又一次地后退，坏情绪就会一次又一次地前进，直到最后占据你心灵的高地，全盘操纵你的一切，你的正义、勇敢、上进、积极、坚毅的品质都会遭受最无情的蹂躏和践踏，直至这一切消失殆尽。而你，整个人将走向失败，走向毁灭。

所以，我们不但要控制坏情绪，还要学会转移情绪。当我们被坏情绪所困扰，又无处发泄的时候，不妨尝试自我调节和放松。心理学家认为：“在发生情绪反应时，大脑中会有一个较强的兴奋灶。此时，如果另外建立一个或几个新的兴奋灶，便可抵消或冲淡原来的优势中心。”因为某件不顺心的事情烦躁、暴怒的时候，我们可以有意识地做点别的事情来分散注意力，缓解不良情绪，如听音乐、散步、打球、看电影、骑自行车等。

心态启示

坏情绪是影响人际关系的“无形杀手”，然而，我们无一例外地受七情六欲的影响和支配，都会被各种情绪所困扰。因此，我们要学会转移注意力，通过其他行为，逐渐淡化不良情绪。

转移注意力，不快自会消失不见

生活中难免会遇到一些不顺心的事情，不快乐的情绪如果没有及时得到排解，会有害身心健康。但是，如果我们一旦遇上不顺心的事情就将自己的负面情绪发泄到家人或朋友身上，又会伤害身边最亲近的人，甚至影响家庭或同事间的和睦关系。其实，当出现不良情绪时，可以将注意力转移到其他活动上去，忘我地去干一件自己喜欢事，如练习书法、打球、上网等，从而使心中的苦闷、烦恼、愤怒、忧愁、焦虑等不良情绪通过这些有趣的活动得到宣泄。

美国某金融公司经理伍德亨先生能够取得辉煌的成就，得益于他年轻时养成的一种调整情绪的习惯。那时，他还是一家公司里的小职员，并且受到同事的轻视。

终于，他忍无可忍，决定离开这家公司。临行前，他用红墨水把公司每一个人的缺点都写在纸上，将他们骂得体无完肤。骂完后，他的怒气逐渐消去，决定继续留在公司。从那以后，每当心中怒火中烧的时候，他总是把满腹牢骚都用红墨水写在纸上，每次一写完就感觉轻松不少，好像被放了气的皮球一样。这些纸条一直被他藏起来，从不拿给别人看。后来，同事知道他这种宣泄怒气的方法后，都觉得他极具涵养。上司知道后，也对他青睐有加。

那么，生活中的我们，又该如何转移注意力，消除不快呢?

1. 倾诉

倾诉可令人取得内心感情与外界刺激的平衡，免祛灾病。在遇到不幸、烦恼和不顺心的事之后，切勿忧郁压抑，把心事深埋心底，而应将这些烦恼向你信赖的、头脑冷静的、善解人意的亲友倾诉。如果没有倾诉对象，自言自语也行，对身边的动物讲也行。

2. 读书

读感兴趣的书，读让人轻松愉快的书。即便你读时漫不经心，只是随便翻翻，只要发现一本好书，你就会爱不释手。此时，尘世间的一切烦恼都会被你抛到脑后。

3. 求雅趣

雅趣包括下棋、打牌、绘画、钓鱼等。当你从事喜欢的活动时，不平衡的心理自然逐渐平衡。伊丽莎白就是通过画画治好了抑郁症。

4. 做好事

做好事，可以获得快乐，平衡心理。做好事，内心得到安慰，感到踏实；别人作出反应，自己得到鼓励，心情愉快。从自己做起，与人为善，这样才会有朋友。在别人需要帮助时，伸出你的手，施一份关心给人。仁慈是最好的品质，你不可能去爱每一个人，但你应尽可能和每个人友好相处。

心态启示

每个人都有不良的情绪，这很正常。我们不要把这些情绪压抑在心中，因为一味地压抑只能暂时解决问题，负面情绪并不会消失，久而久之，就可能填满我们的内心世界，使我们的身心俱疲。因此，除了自我调节和消化外，我们还应该学会转移情绪，让它尽快释放出来，正所谓“堵不如疏”，要学会将负面情绪降到最低程度。

心情激动，深呼吸调节

生活中，我们总会遇到一些影响情绪的事，平静的心会被扰乱，我们或开心，或悲伤，或愤怒，这些情绪若不进行排解，就会产生一个“情绪链”，也就是人们经常提起的“踢猫效应”，而这个循环反应的罪魁祸首就是我们。激动引发冲动，我们在心情激动前，不妨先深呼吸一下，让自己冷静下来。如此，便能远离冲动，抑制激动，驶向开心的彼岸。

有一天，小荣和老公去购物，两人走进一家裤行。她走近一位售货员问：“有靴裤吗？”售货员本来低着头，此时瞟了小荣一眼，不耐烦地说："长靴还是短靴？"小荣说："长靴。""中间一排。"小荣看了看，看中一条绒布料的，就伸手去拿。售货员从背后传来了叫喊声："别拽！别拽！"小荣就停了下来。那个售货员一边给另一位顾客拿裤子，一边牢骚满腹："烦死我了！"随后鼻子不是鼻子、脸不是脸地对小荣说："哪条？"一见那架势，小荣着实有点生气了，但她深呼吸了一下，还是忍住了。于是她决定不买了，并迅速走向门口，丈夫正在那儿等她。正好，店主人也在门口，看见了刚才发生的事，便找了另一位售货员为小荣服务。这个售货员说："你的涵养可真是好啊，一般去她那买衣服的人，没有不和她吵架的，你的修养可真是少见。"小荣一听，倒也挺开心。

小荣面对态度恶劣的售货员，没有和她理论，而是选择离开，她获得了别人对自己修养的肯定。其实，本就应该如此，何必生气呢？小荣能改变那位售货员吗？她态度不好，小荣可以转向别家去买，又能损失什么呢?损失的是那位售货员，她的营业额因此而减少了。

其实，激动本身并没有任何破坏性，但是，在激动的情况下，人们会做出失去理智的事，它给人带来的负面影响可能远远大于我们的想象，甚至会给我们的生活带来深远的消极影响。

人们在遇到一些或悲或喜的事情时，都会激动，并且很难一下子冷静下来。所以，当你察觉到自己的情绪非常激动，将要控制不住时，应及时转移注意力以放松自我，鼓励自己克制冲动的情绪。

对此，我们可以尝试一下深呼吸的方法。

在深呼吸后，你可以通过自我暗示来平息情绪。比如，当你遇到有人超车时，你对自己说："这个人估计有什么急事吧？"或者说："也许我的确开车太慢了。"这样一来么，你就不至于会发火了。事实证明，"重新判断"的确是一种极为有效的控制不良情绪的方法。

最后还有一点，就是在我们控制好冲动的情绪后，还要重新思考，努力打开心结：为什么会有冲动的情绪？为什么自己不能看开点儿？为什么不能很好地控制情绪？这样才能从源头遏制冲动。

心态启示

遇事先深呼吸是一种有效的转移激动情绪的方法。我们应反复告诉自己，千万别立刻发泄，否则，既会"伤"了自己，也会伤害他人。

学会遗忘，才能让心归于宁静

人生在世，难免会遇到挫折、失败和痛苦，这都是不顺心的事。如果我们把痛苦埋在心底，日积月累，就会深陷意志消沉的泥潭而不能自拔，跌进精神萎靡的深渊而不能解脱。要远离痛苦演绎的“悲惨世界”，就要找到一剂“止痛”的良方：忘却。

忘却也是保持心理平衡的好方法。忘记烦恼，忘记忧愁，忘记苦涩，忘记失意，忘记昨天，忘记自己，忘记他人对你的伤害，忘记朋友对你的背叛，忘记脆弱的情怀，忘记你曾经历的羞愧和耻辱……这样，你便可乐观、豁达起来。

的确，很多时候，人们都是在为过去所累，过去的冤怨，过去的争吵，过去的误解，过去的情感以及过去的辉煌与荣耀。其实，那些不过是飞过头顶的一片云彩，飘过眼前，便云消雾散。懂得忘记不快的人是豁达的、成熟的、美丽的。因为忘却本身就是一种豁达，是一种千帆过后的沧桑沉淀。世事无常，命运坎坷，生活还是无谓地继续着，去糟入鲜，除旧迎新，遗忘一些过往，体内的血液才能更新鲜地涌动！

忘却也是一种成熟，是一种阅尽繁华之后的淡泊。在每一个无人的夜晚，梳理思绪，不要再用目光穿透伤悲，活在当下，拥抱更真实的自己！

忘却也是一种美丽，是一种禅意的空灵。刻意的遗忘是困难而苦累的，但只要决意抛弃包袱，就没有不可能的。而无意的遗忘，则是一种不深刻的体现。

那么，如何才能淡化和忘记烦恼呢？你可以试试以下方法：

1. 逆向思维比较法

如果发生了重大的车祸，死伤多人，皆为不幸。未伤者受惊，轻伤者轻痛，重伤者重痛，死亡者惨痛，由前往后比，虽是不幸，却又是大幸。

2. 把一切交给时间

时间是最好的淡化、忘却痛苦的工具。遇到烦恼时，倘若你主动从时间的角度来考虑，心中对此的感受程度就会大大减轻。当众受上司批评，面子很过不去，心里难以承受，不妨试想一下，三天后，一星期后，甚至一个月后，谁还会把这件事当回事？既然如此，何不提前享用时间的益处呢？

3. 忘却不是逃避

这就是要我们勇于承认现实，坦然面对现实，对任何既成事实的过失及灾祸，不必过多地后悔和烦恼，也不必喋喋不休地责备自己或他人，而应把思想和精力放在努力弥补过失、最大限度地减少损失方面；过多地后悔、无休地责备不仅于事无补，还会扩大事端、徒增烦恼。

当然，忘却不快，并非是简单地抹去过去，而是把往昔的痛苦与烦恼沉淀于心底，更好地主宰自己的命运，把握未来。学会遗忘，走出烦恼泥潭，你会倍感生命的可贵、生活的绚丽，从而让生命更富有朝气和力量。

心态启示

人生的道路坎坷曲折，如果对荣辱、富贵、贫穷、诽谤、嫉妒、酸楚等社会附加物能做到一笑置之，那么你就得到解脱了，心理就平衡了。让我们忘却有害无益的人和事吧，保持心理的平衡。

用音乐的力量转变情绪

现代社会中，人们每天都必须面临繁重的工作和生活压力，难免会有情绪低落的时候。当心情处于低潮时，人们对任何事情都提不起兴趣。要想摆脱这种心情，首先应该让自己不要总是去想这些问题，转移注意力。而欣赏音乐就是舒缓心情、调节身心的良好方法。

在古希腊，人们相信音乐是神赐予的。传说中，奥菲斯弹奏阿波罗送他的那把七弦琴时，可使野兽平静、树木跳舞、河水停止流动。他的音乐深深地打动着人心，可谓余音绕梁，三日不绝。人们甚至相信，奥菲斯曾用自己的音乐说服了阴间之神释放他心爱的尤莉迪斯。

可见，音乐是有可以唤醒灵魂的力量。音乐作为一种艺术，之所以能打动人，是因为它能以动感的声音表现出一种情感，它所蕴含的宁静致远、清淡平和的意境，可以使终日奔忙、身心俱疲的现代人得到彻底放松。奔波于闹市中的人，一定要懂一点音乐。在音乐的圣殿中，我们能暂时忘记生活的烦琐、工作的不顺心，能获得音乐给予我们的心灵滋养。音乐是一种可以抚慰心灵的媒介，它可以和心灵产生共鸣，并把人们心中的不良情绪释放出来，还可以让浮躁的内心恢复平静。当我们为生活所累时，不妨尝试一些音乐疗法。那么，什么是音乐疗法呢?

音乐疗法是一种通过生理和心理两个途径来治疗疾病的方法。一方面，音乐的频率和声压会引起生理上的反应；另一方面，音乐的频率和声压会引起心理上的反应。听音乐时，音乐能够激活大脑的情感中枢，这一大脑区域与人体在受到食物、性、麻醉品以及毒品刺激下变得异常活跃的区域完全一致。这一发现具有非常重要的意义，因为音乐不会像药品那样直接对大脑产生作用，所以这种间接作用就显得更为神奇。

音乐疗法是一种令人感到愉快的自然疗法，它能提高大脑皮层的兴奋性，改善人们的情绪，激发人们的感情，振奋人们的精神。除此之外，音乐还有助于消除心理、社会因素所造成的紧张、焦虑、忧郁、恐惧等不良心理状态，提高个体的应对能力。

音乐治疗在以下几个方面的疗效是显而易见的：有助于释放情绪，提高自我表达能力；减压、排忧解困；改善身体和情绪功能，提高情商；改善人际关系的能力及处事技巧；减少不恰当行为及增强自制；改善学习兴趣，提高身体灵活性；增强专注力与定力；强化个性气质；加快自我成长，提升自我价值，确定人生方向；缓解并医治身体的各种病症。

心态启示

音乐是人类最美好的语言。听好歌，听轻松愉快的音乐会使人心旷神怡，沉浸在幸福愉快之中而忘记烦恼。放声歌唱也是一种气度，一种潇洒，一种解脱，一种对生命的呼唤。

第02章

情绪调节，学会正确释放你的情绪

生活中，很多人一遇到困难就手足无措，就像天要塌了似的。他们仓皇四顾，恨不得能找到一个人大包大揽地对他说：“你放心吧，一切都交给我了！”在这个世界上，除了父母之外，谁会这么义无反顾地为你撑起一片天呢？而终有一天，父母也会老去，他们也需要你的照顾。此时，你应该怎么做呢？你还能靠谁呢？你唯一能做的就是依靠自己。不要一遇到困难就想得到别人的帮助，因为别人的帮助只是一时的，只有依靠自己的能力解决困难，你才能真正地成长、成熟起来，并有所担当。

堵不如疏，负面情绪要宣泄出来

生活中，你是否遇到过这样的情况：一大清早，不到六点，闹钟就把你惊醒，因为八点之前你就要赶到公司，你还必须得为孩子准备早饭、开车把他送到学校；然而，你叫了几次，孩子都不起床，正当你为此生气时，你又不小心打翻了为孩子做好的早饭，此刻你更是火冒三丈，眼看着你就快要失控了……当你好不容易赶到办公室，却发现已经迟到了，你的名字已经挂在了迟到者名单上，这意味着这月奖金又没了，你倍感委屈，不禁感叹生活的艰辛？

其实，生活中，类似于这样的让我们产生负面情绪的事情实在太多，孩子不听话、同事不合作、上司没来由地批评等，都会成为我们负面情绪的导火索。此时，如果我们处理不当，就很有可能造成难以预料的后果。

当然，如果一味地压制这些负面情绪，问题也并不会因此解决。同时，积压在身体内部的负面能量不利于我们的身心健康，会引发头痛、胃病等。所以压抑绝不是面对愤怒的最好方法。

每个人都会对身边的事情产生情绪，人类本身就是情绪化的动物，都有喜怒哀乐。那些脾气好的人并不是没有情绪，也不会一味地压制自己的情绪，他们懂得以正确的方式排解心中的不快，而不是将情绪传染给身边的人，让他们成为自己情绪发泄的对象。面对情绪，我们可以找到合理的宣泄方式，把坏情绪赶走。

所谓合理发泄情绪，是指在心中产生不良情绪时选用合适的方式、选择合理的场所来发泄自己的情绪。下面是几种发泄悲观情绪的方法：

1. 倾诉法

当你觉得内心烦闷、心情抑郁时，可以选择以倾诉的方式来排解，倾诉的对象可以是你的朋友、同事，也可以是你的亲人，这样会使消极情绪发泄出来，精神会放松，心中的不平之事也会渐渐消除。

2. 哭泣

当你遭到突如其来的灾祸，精神受到打击、心理不能承受时，可以在适当的场合放声大哭。这是一种积极有效的排解紧张、烦恼、郁闷、痛苦情绪的方法。

3. 摔打安全的器物

如枕头、皮球、沙包等，狠狠地摔打，你会发现，当自己，精疲力竭时，内心是多么畅快。

4. 高歌法

唱歌，尤其是高歌，除了能够愉悦身心外，它还是宣泄紧张和排解不良情绪的有效手段。

心态启示

人不仅要有感情，还要有理智。如果失去理智，感情也就成了脱缰野马。陷入消极情绪而难以自拔时，我们不能压抑，而应该找到合适的宣泄方式，及时卸下包袱，继续前行！

倾诉出来，倒出心中苦水

人都是群居动物，人生旅途中，谁都会拥有几个知心朋友。我们虽然有一定的抗压能力，但如果压力过大不加排解，一个人闷在心里独自承受委屈，就会对健康不利。而心理学研究表明，把自己遇到的压力、烦恼向别人倾诉，有很好的宣泄作用。因为与别人交谈能让他们分担你的感受，并让压力得到分散。倾诉压力和烦恼的过程，就是整理、清晰化自己思路的过程，这对减压有益。所以，当我们因为压力而内心郁结时，不妨找个知己倾诉，把烦恼都说出来，这样会轻松很多！

当我们心情压抑的时候，不妨找个倾诉对象。人的情绪受到压抑时，应主动把心中的烦闷苦恼都说出来。尤其是那些性格内向、不善交际的人，他们多半无法靠自己的力量作好自我调节。对此，可以选择向信赖的好友倾诉来排解。有些事情其实并不像当事者想得那么严重，然而，人一旦钻进牛角尖，就越急越生气，如果这时请他人指导一下，可能就会豁然开朗。

每个人都要为生活辛苦工作，如果把自己的压力和困扰告诉朋友可以让你觉得舒服些，那也未尝不是个减压的好方法。你可以找一些信任的朋友，一起出去喝喝咖啡，把自己的困扰告诉他们。

向知己倾诉，有以下几点诀窍：

1．交几个知心朋友

研究压力方面的心理学专家说："女性其实是一种很需要别人支持的群体。因此，对于女性而言，强大的后备力量就显得尤为重要了。"其实，不只是女人，任何人都需要朋友，尤其需要知心朋友。举个很简单的例子，当你不小心把手割伤了，你一定会寻找创可贴之类的东西。同样，当遇到不开心的事时，我们也会不由自主地寻找可以为自己打气的人。也就是说，只有拥有几个可以掏心掏肺的知己，才能在需要的时候有人挺身而出。

2. 你的知己要有一定的抗压能力

曾有专家建议：“无论是朋友，还是亲人，你都可以依赖。但是，你必须找到在你压力大时能够真正帮助你的人。”如果你朋友的抗压能力还不如你，那么可想而知，对于你的苦恼，他是帮不上忙的，甚至他的心情也会被你影响。

3. 朋友的知心是前提

当然，这里的朋友是指那些能为你保守秘密的朋友，这点是非常重要的。

心态启示

有时候，因为人生阅历、所考虑问题的角度等的不同，在我们看来是烦恼的问题，经过朋友的提点，往往也就不再是问题。我们不妨让内心“开放”一点，当感到心理有压力，出现悲伤、愤怒、怨恨等情绪时，要勇于在朋友面前倾诉，进行合理的宣泄。在他们的劝慰和开导下，不良情绪便会慢慢消失。

适度争吵可以快速解决问题

生活中，我们总希望与他人和睦相处，即使遇到矛盾、受了委屈等，我们也独自承受，因为我们不想因争吵而影响人际关系。而这样做，并没有解决问题，长此以往，我们内心的不快会积压，这不利于身心的健康。实际上，我们一直避免的争吵是一种快速解决问题的方式。争吵，至少证明我们有解决问题的愿望，这正是沟通感情、表达内心需求的一种方式。然而，即使争吵，我们也要注意度的问题，不要一旦和爱人、家人吵架就大发脾气，大动干戈。

小雨和丈夫结婚已经三个月了。她和丈夫是相亲认识的，谈恋爱的时候，她对这个男人实在太中意了，他潇洒大方、事业成功、家道殷实，以至于他在向小雨求婚时，小雨想都没想就答应了。但婚后，小雨发现，原来婚姻并没有想象中那么幸福，她一下子由一个美丽的少女变成了整天和锅碗瓢盆打交道的妇女，每天都要面对丈夫的臭袜子。最可恨的是，丈夫是个大男子主义者，他希望小雨什么都听他的，这哪里是小雨的风格？于是，吵架开始了，一气之下，小雨带着怨气回了娘家。

椅子还没坐热，小雨就一股脑儿把自己的委屈都说了出来。在一旁看报纸的父亲也凑过来，他对小雨说："你这傻孩子，别动不动就说离婚，夫妻双方吵架是很正常的事。小李人不错，你在路上的时候，他就打电话来了，还跟我们道歉。只要没有原则性问题，吵吵架也没什么啊，越吵越热闹啊！"

听到父亲这么说，小雨扑哧一声笑了："合着您的意思就是鼓励我们吵架呗！"

“那肯定不是嘛！我的意思是，你别还像没结婚时一样，希望周围的人都围着你转，男朋友哄，爸妈疼着，结了婚，你就为人妻了，要调整好心态，不要动不动就提离婚，说多了会伤害夫妻感情的。再说，吵架了，你就知道问题的症结了嘛，回去和他好好谈谈。”父亲的话似乎很有道理，小雨听完后，就收拾东西，洗了把脸就回家了。

在这则案例中，已为人妻的小雨因为和丈夫吵架而回娘家，但最终被父亲说服。的确，那些感情好的夫妻也并不是不吵架，他们通常都会本着以解决问题为目的吵，并把握好度。

人们往往说夫妻之间要“相敬如宾”，“平平淡淡就是真”，然而，现代社会，“平淡”之中往往隐藏着危机，没有争吵就没有掏心窝子的话语，很多问题就不能解决，这样的“平淡”还不如“吵闹”来得更坦率、更直接。坦白了各人的想法，不仅能宣泄内心的不快、让我们平静下来，还能以最快的速度解决问题。

心态启示

生命是一个过程，不是一个结果，吵吵闹闹的人生才是真实的，因此，在遇到问题、内心压抑时，不妨采取适度争吵的方式来宣泄情绪。

出去旅行吧，调节身心

现实生活中，人们的压力到底有多大？无形的压力主要源自三个方面：工作、经济和健康。每天面对这些烦琐的问题，人们难免产生不良情绪。于是，越来越多的人渴望能自我减压和放松。而“回归自然”“亲近自然”的魅力越来越受到这些混迹于钢筋混凝土之间的城市人青睐，他们逐渐投身到大自然的怀抱中，呼吸新鲜空气，寄情于山水之间，我们喜爱的演员张静初也是一个有着旅游情结的人。

张静初喜欢旅行，喜欢到一个陌生的地方、一个生动而新鲜的地方去彻底地放松自己。“旅行有时候是最好的平衡剂，平衡你的欲望、平衡你的心态，找回你对幸福的感知能力。”她最喜欢的旅行方式是和朋友一起自驾旅行，最快乐的旅行经历是有一次去叙利亚，回来前买了足足一箱子当地的银饰、烛台、金粉画等。30岁之前，她想去的地方有印度、埃及、南非、北极。

演艺明星由于平时工作繁忙压力大，因此在闲暇之余需要自我放松、调整情绪。他们会依据个人爱好，选择各种不同的方式来给自己减压。作为普通人的我们，同样也可以选择以旅行的方式来亲近自然，以此来宣泄我们的压力和不良情绪。一般来说，你可以选择的旅行方式有很多。

1．登山

登山的过程，是一个不断征服的过程。当我们跨过一个个山头，会发现呈现在自己面前的是另外一片风景，我们的眼界也随之开阔起来。同时，爬山还有另外一个好处，那就是锻炼身体、愉悦身心。

因此，无论是周末还是闲暇时间，我们都可以约上几个朋友，去大山里走走，去感受另一个远离尘嚣的世界。当然，登山的过程中，一定要注意安全，最好不要一人登山。

2．野营、露营

野营，顾名思义就是在野外露营、野炊，这是一种锻炼生活技能的很好的方法，并且，在相互合作的过程中，人与人之间的关系也会变得亲密起来。而除此之外，还有另外一种活动——露营。这是一种休闲活动，通常，露营者携带帐篷，离开城市，在野外扎营，度过一个或者多个夜晚。露营通常和其他活动结合，如徒步、钓鱼或者游泳等。

3．钓鱼

钓鱼这种活动，人们并不陌生，钓鱼的主要工具有钓竿、鱼饵。

钓鱼的工具制作起来其实很简单，钓竿的材质可以是竹子，也可以是塑料；而鱼饵的种类也很多，可以是蚯蚓，也可以是米饭，甚至可以是苍蝇、蚊虫，现在有专门制作好的鱼饵出售。鱼饵可以直接挂在丝线上，但有个鱼钩会更好，对不同的鱼有不同的专制鱼钩。另外，有个漂更有帮助。此外，在周围水面撒一些豆糠会引来更多的鱼。

4. 徒步

徒步亦称作远足、行山或健行，它和通常意义上的散步不同，也不是体育活动中的竞走，而是指有目的地在城市的郊区徒步远行、不需要登上山顶；但是登山和徒步密切相关，两种活动经常结合在一起。

心态启示

我们应懂得适可而止，不管多忙，也要在这美好的时节享受自由的幸福。放下一切，不管国内或国外，找个最喜欢的地方去旅行，没有计划，没有进度表，只有和阳光、绿意、湛蓝海水以及充足的时间。结伴，或自己一个人，在阳光下肆意徜徉。

运动起来，释放心中的苦闷

现实生活中，许多人都面对着来自工作、生活、学习等方方面面的压力，不良情绪常常不期而至。对此，有些人选择向他人发泄，有些人选择闷在心里，也有的人感到无所适从。殊不知，运动是排解压力的一种行之有效的方法。

孙女士是一位医生。自年初医院决定对科室主任实行末位淘汰制，她心理压力很大，且经常感到头昏脑涨、四肢乏力、心浮气躁，脾气也越来越不好。半年以后，她人瘦了不少，气色也不再红润，有人说她得了抑郁症。近几个月，同事们普遍反映：以前那个心浮气躁、总感不适的她摇身变成了稳重大度、耐心敬业的人。是什么让她放下压力、乐观地去工作与生活呢？孙女士说，是运动。自从开始每天练瑜伽、散步，她感到浑身有使不完的劲。

生活中，像孙女士一样存在心理问题的人并不少见。生活中的种种问题让他们情绪不佳，却不知如何宣泄。其实，运动就是一个很好的方法。据统计，有50%的人一周中至少有一天会感到疲惫。美国佐治亚州立大学的研究者通过对70项不同研究的分析得出结论：让身体动起来可以增加身体能量，并减少疲累感。

不知你有没有这样的体验：当情绪低落时，参加一项自己喜欢又擅长的体育运动，可以很快地将不良情绪抛之脑后。这是因为体育运动可以缓解心理焦虑和紧张情绪，分散对不愉快事件的注意力，将人从不良情绪中解放出来。另外，疲劳和疾病往往是导致人们情绪不良的重要原因，适量的体育运动既可以消除疲劳，又可以避免罹患各种疾病。

对大多数人来说，日常生活中，只要能多参加运动，适当调节自己的心情，就能赶走不快的情绪，获得快乐的心情。因为运动的效果是积极的，它可以激发人的积极情感和思维，从而助人抵制内心的消极情绪。此外，运动时能促进大脑分泌一种化学物质——内啡肽。它可以帮助我们降低抑郁、焦虑及其他消极情绪，并通过改善体质，使人增强自我掌控感，重拾信心。

运动分为有氧运动和无氧运动两种。无氧运动一般时间短、强度高，对人的意义不大，弄不好还容易伤到自己。最好还是有氧运动，它不但能起到锻炼身体的效果，还能有效调节情绪，帮助人们应对不良情绪。

然而，有人说，运动会出汗。这是毋庸置疑的，但除了汗水之外，我们收获的会更多，我们的身心会在汗水中得到放松。再者，并不是所有的运动都像人们想象的那样出很多汗，比如，游泳。在夏天，最好的运动方式莫过于游泳。当然，无论哪种运动，出点汗都是好事。出汗之后，只要能迅速补充体液以及矿物质，再洗上一个热水澡，那么剩下的就是舒舒服服的感觉了。尤其是在经过了一段时间的剧烈的运动后，那些所谓的烦恼都被抛到九霄云外了，你会觉得身心畅快。科学研究表明，运动后人体内会产生一些类似于兴奋剂的物质，让人感到愉快。

心态启示

当你心烦意乱、心情压抑时，适度运动可带来好心情。

虽然运动对于人排解不良情绪有益，但应该适度，否则会对大脑机能造成损害。并且，你要选择自己喜欢的运动，这样才能坚持练下去。

不必纠结，让一切顺其自然

生活中，我们经常要面临两难的抉择，尤其是在现在这个信息繁杂的社会中，作出正确的抉择更不是一件易事，这就需要我们有出色的判断能力。然而，一些人在作出难以抉择的决定后，又因为害怕失败和失去而左右迟疑、当断不断，不愿实施，为自己带来很多困扰。因此，你不妨随“心”所欲，把一些事都交给自己的心决定，这样，你便能获得快乐，获得好心情。

法国哲学家布里丹养了一头小毛驴，每天向附近的农民买一堆草料来喂它。有一天，送草的农民出于对哲学家的景仰，额外多送了一堆草料，放在旁边。这下子，毛驴站在两堆数量、质量和与它距离完全相同的干草之间，可是为难坏了。它虽然享有充分的选择自由，但由于两堆干草价值相等，客观上无法分辨优劣，因此它左看看、右瞅瞅，始终也无法分清究竟选择哪一堆好。这头可怜的毛驴就这样站在原地，一会儿考虑数量，一会儿考虑质量，一会儿分析颜色，一会儿分析新鲜度，犹犹豫豫，来来回回，在无所适从中活活饿死了。

小毛驴在两堆充足的草料面前，却落得饿死的下场，真是令人匪夷所思。可见，犹豫不决不仅对人们作出正确决定无丝毫帮助，还会让人们延误时机，甚至酿成苦果。而实际上，除了动物以外，人类似乎也在重复这个幼稚的错误。

那么，我们如何做到随“心”所欲呢？

1. 着眼于当下的工作

一群年轻人到处寻找快乐，却遇到许多烦恼、忧愁和痛苦。他们向老师苏格拉底询问，快乐到底在哪里？

苏格拉底说：“你们还是先帮我造一条船吧！”

于是，年轻人们暂时把寻找快乐的事儿放到一边，找来造船的工具，用了七七四十九天，锯倒了一棵又高又大的树，挖空树心，造成了一条独木船。独木船下水了，年轻人把苏格拉底请上船，一边合力荡桨，一边齐声唱起歌来。苏格拉底问：“孩子们，你们快乐吗？”

学生们齐声回答：“快乐极了！”

苏格拉底道：“快乐就是这样，它往往在你忙于做别的事情时突然来访。”

2. 承认痛苦的存在

我们强调要追随自己的内心，选择快乐，但这并不代表痛苦不存在。因此，要拥有好情绪，我们就不能过于苛求生活。

心态启示

人们产生烦恼，很多时候都是因为思考过多，问问自己的内心，你便能找到答案。

学会用好心情去驾驭生活

红尘滚滚，荆棘丛生，人生的道路漫长而曲折。烦恼与痛苦相伴，应运而生的是种种困惑。如何面对人生的困惑？毛主席赠柳亚子诗曰：“牢骚太盛防断肠，风物长宜放眼量。”意思是说，对待困惑，眼睛要看得远，心要想得开，做到不疑不愁不怒，豁达乐观。

著名潜能开发大师迪翁常常用一句话来激励人们：“任何一个苦难与问题的背后，都有一个更大的幸福！”这是他的招牌话。

他有个可爱的女儿，但一场意外让这个可爱的小女孩失去了小腿，当迪翁从韩国赶到医院时，他第一次发现自己的口才不见了。女儿察觉到父亲的痛苦，笑着告诉他：“爸爸！你不是常说，任何一个苦难与问题的背后，都有一个更大的幸福吗？不要难过呀！这或许就是上帝给我的另一个幸福。”迪翁无奈又激动地说：“可是！你的腿……”

小女儿非常懂事地说：“爸爸放心，腿不行，我还有手可以用呀！”

听了这样的话，迪翁虽有几分心酸，但也欣慰不已。

两年后，小女孩升入了中学，她再度入选垒球队，成为该队有史以来最厉害的全垒打王！她的腿不能走路，所以她每天勤练打击，强化肌肉。她很清楚，如果不打全垒打，即使是深远的安打，也不见得可以安全上垒。所以，唯一的机会就是将球猛力击出底线之外！

这是一个乐观积极的小女孩，在最艰难的时刻，她留给人们的依然是微笑，因为她相信父亲的那句话：“任何一个苦难与问题的背后，都有一个更大的幸福。”于是，灾难变得不再可怕，而她本人也更有能力面对艰难的挑战。

乐观就是一粒种子，这粒种子最终能结出人类美好的品德果实；它更像一个好朋友，始终对你仁慈，愿意陪你渡过人生的风雨征程；它更像尽职尽责的护士呵护着你的耐心，像母亲一样哺育着你的睿智……它是道德和精神最好的滋补剂。马歇尔·霍尔医生曾对自己的病人说过：“乐观的态度，是你最好的药。”所罗门也曾说：“乐观的心态，就是最强劲的兴奋剂。”

现代社会，很多人感叹自己活得累，没有快乐可言。其实，人生在世，谁都会遇到烦恼，人们的生活状态之所以不同，是因为心态的不同，痛苦或快乐，取决于你的内心。面对痛苦，你若不成为强者，就会成为弱者。再重的担子，笑着也是挑，哭着也是挑。再不顺的生活，微笑着撑过去了，就是胜利。

生活快乐与否，完全取决于个人对事物的看法如何。你的态度决定了你一生的高度。你认为自己贫穷，并且无可救药，那么你的一生将会在穷困潦倒中度过；你认为贫穷的生活状态可以改变，你就会变得积极、主动，就能摆脱贫穷。心态决定人生，也就是这个道理。

总之，面对人生的烦恼与挫折，最重要的是摆正自己的心态，积极面对一切。再苦再累，也要保持微笑。笑一笑，你的人生会更美好。

心态启示

从现在开始，我们不妨改变一下自己的态度，无论面临什么，都要微笑面对生活，不要抱怨生活给了自己太多的磨难，不要感叹命运的不公，也不要埋怨生活中有太多的曲折。当我们走过世间的繁华与喧嚣，阅尽世事，就会明白，人生不会太圆满，再苦也要笑一笑！如此这般，我们就能真正掌控自己的生活了。

第03章

不必动怒，内心的怒火只会烧伤你自己

生活中令我们生气的事情实在太多了，每个人都不可能完全活在没有情绪的世界里。但我们不要把这些情绪压抑在心中，因为，一味地压抑心中不快，只能暂时解决问题，负面情绪并不会消失，久而久之，就可能填满我们的内心世界，使我们身心俱疲。因此，在愤怒时，我们一定要学会浇灭愤怒的火焰，这样才能避免因不当的发泄而给自己和他人带来困扰。

调整情绪，浇灭愤怒的火焰

在繁忙紧张的现代生活中，人们变得脆弱易怒。是尽情发泄，还是忍气吞声？事实上，这两种做法都不是正确的。把怒气发泄给别人，会赶走朋友、得罪他人；而一味地压抑满怀的愤怒，问题并不会因此得到真正的解决，这股巨大的负面能量若是不能得到缓解，囤积在身体内，就会侵蚀我们的健康。

有一天，小魏带儿子逛完超市回家，在旧货市场门口正常过人行横道，走到马路中间时发现几米远的地方有一辆红色小车开过来。她心里想，还有段距离，过去还来得及，更何况驾驶员看到有人走在人行横道应该会让行的。可让她意想不到的是，这个驾驶员非但没有减速，反而加速行驶过来，速度之快让她没有反应能力。当她反应过来的时候，就听到一阵急刹车的声音，驾驶员将车停在离她不到半米远的位置，而且已经压在人行横道的线上了。这时，小魏吓得心怦怦地直跳，要知道她还带着儿子呀！她下意识抬头一看，开车的竟然是一个漂亮的年轻女性，而当她准备离开时，没想到这个女司机从车上下来，指着小魏就骂：“长没长眼睛啊？没看见车啊！”这时的小魏真觉得莫名其妙，明明是她差点撞了自己和儿子，却反咬一口，真是没道理。而这个时候，马路边上已经聚集了一堆人，对这个女司机指指点点的，似乎是在说她的不对，小魏本打算把儿子带到安全的过道上与其理论，可一想，这样实在影响不好，事情又不大，也毁坏了自己形象，于是拉着儿子离开了。只剩那个女人在那里破口大骂，围观的人还没有散去。

小魏的做法是对的，而那个女人则在公众场合丑态百出，可能她自己还没意识到，想从小魏那里赢得一个胜利，而小魏则明智地退身，保全了自己的形象。

那么，怎么做才能完美地处理愤怒情绪呢？

1．认识自己发怒的原因

当你的情绪稍微冷却下来以后，你可以试着认清自己发怒的原因。你是不是因为同事总是对你的体重或发型冷嘲热讽而气恼不已？是不是每次上司要求你加班你都怒不可遏？要预先想好发生这种情况时消除怒气的方法。

2．使用建设性的内心对话

赫尔明指出：“许多怒火中烧的人不分青红皂白责备任何人和事：什么车子发动不了啦，孩子还嘴啦，别的司机抢了道啦之类的。使怒气无法消除的是你自己的消极思维方式。”既然想法是导致情绪的主因，那么，容易动怒的人就应该改变内心的想法，准备一些建设性的念头以备不时之需。例如，“我在面对批评时，不会轻易地受伤”“不论如何，我都要平静地说、慢慢地说”等。

当你能熟练使用这些“灭火”步骤时，你就会发现，自己花在生气上的时间越来越少，而花在完成工作上的时间也相对地越来越多了。只要你肯去试，必定有用！

3．不要说粗话

不管你说的是“傻瓜”还是更粗野的词语，一旦你开口辱骂，就等同于把对方列为自己的敌人。这会使你更难为对方着想，而互相体谅正是消除怒气的最佳秘方。

心态启示

愤怒是一种大众化的情绪——无论男女老少，都在被愤怒这种不良情绪毒害着自己的生活。因此，不管在家里，还是在工作中，甚至在与你亲密的人相处的过程中，都需要对愤怒的情绪进行调节，从而浇灭愤怒的火焰。

开阔心胸，不让愤怒侵袭

生活中，我们经常会遇到一些令人气愤的事，那些心胸宽广的人能做到控制好自己的情绪，这不仅令他们彰显出其大家风范，获得尊重和敬仰，也令他们收获到很多快乐。

一位德高望重的长老，在寺院的高墙边发现一把座椅，他知道有人借此越墙到寺外。长老搬走了椅子，凭感觉在这儿等候。午夜，外出归来的小和尚爬上墙，再跳到“椅子”上，他觉得“椅子”不似先前硬，软软的甚至有点弹性。落地后，小和尚定眼一看，才知道椅子已经变成了长老，原来他跳在了长老的身上，长老是用脊梁来承接他的。小和尚仓皇离去，此后一段日子，他诚惶诚恐地等候着长老的发落。但长老并没有这样做，压根儿没提及这件“天知地知你知我知”的事。小和尚从长老的宽容中获得启示，他收住了心，再没有去翻墙，通过刻苦的修炼，成了寺院中僧人的佼佼者，若干年后，他成为这里的长老。

这个小故事估计我们早已耳熟能详，它一直向生活中的每个人昭示着这样一个道理：宽容精神是一切事物中最伟大的。我们在接受别人的长处之时，也要学着接受别人的短处、缺点与错误。这样，人们才能真正地和平相处，社会才会和谐。

正所谓，忍一时，风平浪静；退一步，海阔天空。宽容就是不计较，事情过了就算了。每个人都会犯错误，如果执着于他人过去的错误，就会形成思想包袱，并对此耿耿于怀，这会限制自己的思维，也会限制对方的发展。

一个智者这样说过："你必须宽容三个人。你必须原谅你自己，因为你不可能完美无缺；你必须原谅你的敌人，因为你的愤怒之火只会影响自己和家人；在寻找快乐的路途中，最难做到的是你必须原谅你的朋友，因为越是亲密的朋友越能于无意中深深中伤你。"我们往往对别人太严厉了。每个人都在企图证明"我是对的，而你是错的"。而宽容待人，就是在心理上接纳别人，理解别人的处世方法，尊重别人的处世原则。

你是否曾因朋友无意中的一个过错而耿耿于怀？你是否因为想证明自己的观点而对朋友恶语相向？如果是，请考虑一下对方的感受吧！人总有自尊心，没人会愿意被人直指短处。更何况，我们所想的真理，其实可能正是他人认为的谬误。

不过，宽容说起来简单，可做起来并不容易。"宽容"，归根结底，根源于爱和理解。只有心中有爱，我们才能以同情的态度对待他人，才会充分尊重他人的立场和见解。只有爱，才能消除彼此的敌视、猜忌、误解；而爱的消亡，将使最亲密的人彼此伤害、仇视，甚至恶语相向。

心态启示

宽容是一笔无形的财富，有了宽容之心，我们就会变得善良、真诚，它会帮我们亮起一盏绿灯，帮助我们在工作中更顺畅地通行，选择了宽容，便赢得了财富。

冲动之前先思考几分钟

生活中，难免会遇上各种各样的事情，遇到事情的时候，有些人会变得冲动，以致做出一些自己都不知道该不该做的事情，并由此产生许许多多的恶果！不管遇到什么事情，都要冷静地让自己思考一下，哪怕只是短短的几秒钟，也许结果就完全不一样了！

小罗在他们公司工作多年了，业绩一直很不错，也深受领导的赏识，但是这几天遇上了一件让人不开心的事情。最近小罗联系到一个客户，这客户有点奇怪，开始的时候说好先汇3000元定金，但客户只打来了2990元，其实就是扣除了手续费。然后经理就找小罗谈话，说这客户怎么能这样做事，同时提醒小罗交货的时候一定要把余款收回来。交货的时候，客户说没钱，说是过两天给转账。小罗心想，客户也不会因为余下的几块钱跑了，因此没有收回余款就回公司了。这下惹得经理不高兴了，问小罗，为什么不把钱收回，如果收不回来又怎么办？小罗耐心地解释给经理听，但是经理一句话都听不进去。小罗说，如果客户第二天没给钱，他会天天打电话催的。当天，事情也就过去了。

在余款没收回来的期间，小罗就没有安静的日子过了，经理一到公司就让小罗催客户的货款。三天之后，客户把余款汇了过来，可小罗总觉得自己的这几天真是煎熬，因为经理每天都让他催款，所以他毅然决定辞职。他心想出去后找份工作很容易，结果出去之后才知道不是他自己所想的那样。小罗现在非常后悔当初因一时冲动而离职。

生活中有很多人和案例中的小罗一样，因为一时冲动而做出事后后悔的事。所以，我们不管做什么都需要冷静地思考。

具体说来，你需要做到以下几点：

1. 放慢语速，调整心情

如果你在说话，你可以试着让自己的呼吸均匀下来，然后作自我暗示，“放松，冷静”。如果你的情绪很激动，那么不妨先闭上眼睛，然后想想让自己高兴的事情，并尝试着站在对方的角度审视自己的行为，慢慢地，你就能冷静下来了。

2. 抑制怒火，冷静反应

当有人朝你大喊大叫或者用语言攻击你的时候，你怎么做？你是以牙还牙还是置之不理？对于这种情况，我们无法控制对方的行为，但我们可以调整自己的行为。此时，你完全可以不作任何回应。因为你的反击只会激发对方的挑战情绪，只会让事情更糟糕。而只要你不予理睬，对方就失去了愤怒的“燃料”供应，想燃烧也难了。

心态启示

一个理智的人，不管遇到什么事情，不管别人如何“挑衅”，都会保持冷静的头脑，让理智驾驭自己的情绪，体现自己的大家风范。相反的是，在怒火中燃烧的你，发现周围人的眼神了吗？发现对方已经被你深深伤害了吗？发现你那恐怖表情了吗？

换位思考，减少怒气

在日常生活中，我们会遇到各种各样的事情。如果我们遇到不合自己心意的事就发脾气，就很容易不分青红皂白地指责人家，以此排遣自己心中的不满。而很多时候，如果我们能站在对方的角度去思考一下，我们便会发现一切都情有可原，也就能减少怒气了。

张阿姨身体一直不好，有心脏病，还经常失眠。最近，隔壁好像在装修，经常大清早就开始施工，夜间失眠的张阿姨好不容易睡着，又被吵醒了。为此，张阿姨的儿子很生气，要去对面理论一番。

谁知道，第二天大清早，邻居就敲开了张阿姨家的门，张阿姨从厨房走出来，这位邻居急忙上前做了一个作揖的姿势："大妈，我今天来，是想说声对不起，我今天才知道您心脏不好，昨天打扰到您了。不过您放心，我给工人定了规矩，早上8点半到中午11点半，下午2点半，晚上最晚到6点半，如果违反我就扣他们的工钱。这是我的名片，如果他们做得不好，您就给我打电话。"

从第二天开始，这些装修工人果然很守规矩，而且很会办事，用电钻、电锤时就过来告诉张阿姨一声，让老太太有思想准备。以往楼里"一家装修全楼倒霉"，不仅是噪声，楼里楼外还又脏又乱。而这家的装修工人却把废料装在编织袋里，整齐地码放在楼角处，每天都有专人清扫楼道。由于有严格的工作时间，两居室足足装修了两个多月，时间确实长了点，可没招来邻居一句抱怨。

为此，张阿姨对儿子说："多为人家想想，就没什么可生气的。"

替别人着想是一种美德，是解决问题的首要途径。换个角度来讲，替别人着想，就等于释放了自己，改善了自己的心境，使自己不容易生气。当我们发自内心地替别人着想时，自己心里的烦恼也能得到排遣。

我们要想摆脱不良的心境，就必须时常为别人着想，这是一种最有效的心理良药。如果有人做了让你愤怒的事情，你必然会生气，但你若能站在对方的角度上想一想，那么，你就会发现，事情完全是情有可原。每个人都有自己的困难和压力，也许他正在应付紧张局面，也许他家里发生了一些事情，正被弄得焦头烂额……了解清楚后，同情加温情，把他看作有错但能干的人，认识到他正在跟你一样努力活着。这样一想，你就能完全冷静下来，愤怒情绪也不存在了。

从心理上讲，幸福与快乐就在自己的心中，想要获得它们，关键在于自己，在于自己对人对事的态度。替人着想作为一种内心的愉悦体验，是获得幸福快乐的最低成本途径，我们又何乐而不为呢?

心态启示

从心理学角度来讲，任何的想法都有其来由。任何的动机都有一定的诱因。了解对方想法的根源，就能够设身处地，提出的方案也更能够契合对方的心理、更容易被接受。消除阻碍和对抗是提高效率的唯一方法。

找到愤怒的源泉，并斩草除根

我们生活、工作中，总是有这样一些修养良好的人，他们对世间万事万物都能泰然处之，即使“兵临城下”，也不会愤怒。这并不是因为他们没有情绪，而是因为他们能更好地权衡不良情绪给自己和他人带来的不利影响。因此，他们通常能在最短的时间内找到怒火之源，并将其彻底消灭。这样的人更能得到他人的认可，因为他们不会让自己的负面情绪伤害到身边的人。同时，他们也展视了自己美好的修养和品质。

小徐是一家医院的护士，她有一天在日记中这样写道：周六那天早晨来了一个女人，她带一个小孩来挂水，那女人穿得有模有样的，但素质很差。那天天气一点都不热，大概只有27℃。她一来就把输液室的空调打开了，也不顾其他病人。开就开了我也没讲什么，但是她倒好，开空调却把我们的门窗全开了。我就说："你开空调至少要把我们的窗户关一下。"我也没觉得我说了什么过分的话，那女人立马来一句："搞笑呢，这不是你的责任吗？你自己的事情不做，要我做啊？"听到这话，我真气得够呛，但是我还是忍了，毕竟有其他病人在，吵起来对其他病人也不好，我就没讲话走了。过了10分钟陆续有病人换地方挂水了（都嫌冷），有的病人就讲那女人素质差。可能是她听到了病人的议论或是自己冷了，她又把空调关了。关了之后，刚好我在给一个病人挂水，她趾高气扬地来一句："哎，等你弄好，过来帮我把窗户开开。"我听得气死了，她一副命令的口气，好像是我欠她的。刚好那会儿很忙，我自然是没理她。我很生气，凭什么帮她开窗户啊，她又不是病人，何况那么傲气。又过了10分钟，她居然很没修养地冲到我们治疗室来了，冲着我就来了句：“你忙好了吗，忙好了还不来开窗户。我到你们医院来还要我亲手开窗户啊！”当时真的很想骂她，想想算了，跟这种没有修养的人计较只能显出我的修养也不高，不过说实话上班这么多年这种女人还第一次碰到，素质太差了。

从小徐的日记中，我们能知道，她的确很生气，可是她没有对那个女人发火，没有愤怒，从而保全了自己的形象；相反，如果面对这样一个素质差的女人时与她“对着干”，或许小徐能泄一时之气，可事后呢，医院的人会认为小徐的修养不好、品质不好，反而会给人留下“泼妇”的形象。

有修养的人心胸宽广，自然也不会因为一点点小事愤怒，他们会以微笑和包容对待侵犯他们的人；相反的是，很多人总是以牙还牙，骂得脸红脖子粗还不肯罢休，其实他们不知道，背后已经有很多人在议论他们了，他们的形象早已荡然无存。

可见，愤怒时随便发泄，不仅会损坏人际关系，也损害自我形象。但如果强控愤怒，也对身心健康不利。当自己怒火中烧，或者成为别人发泄愤怒的目标时，怎么办？

你要尝试着让自己冷静下来，等你冷静下来后，你要问自己，是什么让你愤怒？找到原因，你就能想出解决办法。如果每天让你产生坏情绪的是同样的人或者同样的事，那么，只要找到办法，就能避开很多让你头疼的问题了。

心态启示

生活中不如意的事随处可见，我们也许会愤怒，这很正常，但我们不要把这些情绪压抑在心中，因为一味地压抑心中不快，就可能填满我们的内心世界，使我们的身心越来越疲惫。因此，我们只有学会及时找到怒火之源，并将其彻底消灭，才能避免因不当的发泄给自己和他人带来的困扰。

冷静下来，给情绪降温

日常生活中，人们常常为了一些大大小小的事情生气。生气并不是一种先天性的情绪和行为，而是后天的感知。人们的情绪是可以自己控制的。其中就包括降温法——冷处理。

我们先来看下面一个生活场景：

母亲：你先把你的房间收拾干净再吃饭。

儿子：我在写作业呢。

母亲：（不悦）我说了——我要你把房间收拾干净。

儿子：（生气）你别管我！

母亲：（生气）你少跟我这么说话。现在就收拾你的房间——马上！

儿子：（暴怒之下把书扔了过去）我说了，你别待在我房间里！

母亲：（非常生气）你敢冲我扔东西！现在你马上给我收拾，不然等着瞧。

可能很多父母和子女之间都有过这样的对话，双方因为一件小事，最后闹得不可开交。其实，这一场景中，如果母亲说："你爱收拾不收拾，反正你得自己收拾。"然后起身离开，恐怕就不会和儿子发生如此激烈的"战争"了。

人们在发生争执时，都想让自己说的话成为最后一句，却看不到事情正变得不可收拾。要管理愤怒，首先要对生气的过程进行控制。如果你能做到让对方说最后一句话，就能缓和争执，也不至于产生更糟的结果。

所以，面对愤怒，选择冷处理有利于解决问题。采取冷处理，意味着要控制愤怒的强度和持续的时间。如果你总想对付那些引发你愤怒的人或事物，那你就无法管理好自己的愤怒。只有采取自我控制，放下不满和委屈，才能做到冷处理，并管理好愤怒。

那么，具体来说，我们该怎样给情绪降温呢？

1．暂时走开

暂时走开可以使生气的人平静下来。具有很强的侵略性和好斗个性的人倾向于对任何刺激都作出对抗性反应，而不是摆脱和走开，他们这样的性格必将导致最终的失败。

2. 转移自己的注意力

在气头上，你很容易被冲昏了头，以致走上负面情绪爆发的不归路。因此，首要任务就是先为自己的情绪降温。这话说来容易，该怎么做到呢？你可以转移自己的注意力。例如："一、这个茶杯是黄色的……二、他穿的毛衣是黑色的……"数10~12项物体的颜色，之后你会发现自己冷静多了。

另外，如果你因为某件事或某个人而感觉心情烦躁，注意力无法集中，就不要强迫自己做事。这时不妨看电视、听音乐或找些事情做，借以转移对烦恼的过度注意。

现代社会，因为不会冷静处理愤怒而导致失败的人比比皆是，而那些会冷静处理愤怒的人永远都能站在事业的顶峰。所以，让我们一起养成冷处理愤怒的好习惯，这将使我们受用一生。

心态启示

失去冷静是很容易的，而时时刻刻都能保持冷静则很难。从根本上说，保持冷静就是在愤怒控制住你之前控制住愤怒，也就是有意识地控制情感，而不是让其随心所欲地发展。

第04章

淡化焦虑，凡事淡然以对

人生漫漫，我们需要操心的事情太多。现代社会中生存压力的过大，让很多人陷入了焦虑情绪中不能自拔。然而，对未来过多地担忧是自寻烦恼。对于人生、对事、对物、对名、对利，应有的态度是得之不喜、失之不忧，宠辱不惊、去留无意。现代社会中的我们，应该拥有饱经世事的心态。只有做到淡定面对，才能心态平和、恬然自得、达观进取、笑看人生！

静下心来，焦虑毫无意义

有人说过这样的话，人生的冷暖取决于心灵的温度。如今，社会就像一个大熔炉，把我们的心也烧得浮躁起来，忙碌的生活更是让我们的心焦虑不安。我们常常会担忧：要是失业了怎么办，这个月又该还房贷了，我好像老了……令我们焦虑的问题实在太多了，而由此引起的负面情绪则一直纠缠我们，这种情形下，哪还有快乐可言？唐代僧人神秀曾作一偈："身是菩提树，心如明镜台。时时勤拂拭，勿使惹尘埃。"实际上，任何一个人，行走于世的时间长了，心灵难免会沾染上尘埃，这时候，让自己的心安静下来，淡然面对一切，快乐才会被放大。我们身边有很多开心生活的人，他们的共同特质在于，无论外界多么嘈杂，他们始终为自己的心灵留一片净土。

蓝迪曾是一位陆军军官，后加入一家管理咨询公司，在这家公司，他是除了创始人以外的唯一不是工作狂的人。

再后来，他去了另外一个国家，创办了自己的公司。这家公司的员工工作很努力，因此，公司发展得很快。而他们都很羡慕蓝迪，因为蓝迪的工作很简单，每天只参加重要客户的会议，而其他事务都授权给其他年轻合伙人处理。

蓝迪认为领导者应该懂得把握主要工作，他把所有精力用于思考如何在与重要客户的交易中增加获利上，然后安排最少人力达到此目的。

在下属看来，蓝迪几乎是个超人，他似乎没有同时遇到过三件以上的急事，通常一次只有一件，其他的则暂时摆在一旁。他的员工在时间效率上充满挫折感，因为，同蓝迪比起来，他们的效率实在是太低。

可以说，蓝迪是个工作效率极高的领导者。他之所以能成功管理自己的团队，就是因为懂得抓大放小，放下那些琐事，把主要精力放在更为重要的事情上。

从这里，我们可以看出，内心安宁能令人活得更轻松。同时，内心安宁、不焦虑也是让我们不断前进的保证。相反，面对激烈的竞争以及瞬息万变的环境，那些内心焦虑的人往往看不清楚真正的自己，也就不能及时察觉自身的缺点，不能用最快的速度修正自己的发展方向，他们必然会在学业和事业中落伍，被无情的竞争淘汰。

现实生活中，一些人在人生发展的道路上不能静下心来，焦虑的他们把命运交付到别人手上，或者人云亦云、盲目跟风。他们忽视了自己的内在潜力，看不到自身的强大力量，甚至不知道自己到底需要什么，不知道未来的路在哪里。于是，他们浑浑噩噩地度过每一天，从事自己不擅长的工作和事业，以至于踟蹰不前，一辈子无所成就。

心态启示

别忘了，在闹世中，要想不断进步，就要放下焦虑的情绪，让心安宁下来。只有这样，才能发现自己的缺点或者做得不够好的地方，然后加以改正，使自己不断进步，并扬长避短，发挥自己的最大潜能，从而获得成功。

着眼今天，明天还未来到

人生在世，谁都希望自己明天走的是一条光明的康庄大道。但事实上，明天还未到来，过多的焦虑毫无意义，还不如着眼当下，努力充实好现在。这样，你收获的就不只是实力，还有一份淡然的快乐。

鲍威尔从小就十分喜欢摄影，大学毕业后，他对摄影到了痴迷的程度，无心去从事摄影以外的工作。从此，鲍威尔过着简单的生活，不理会自己是富有还是贫穷，只要能摄影就够了。他穿着破裤子，吃着最便宜的汉堡包。在别人眼里，他是困苦贫穷的象征，而鲍威尔自己却过得异常快乐。

在鲍威尔27岁时，他的人物摄影技术登峰造极。成了世界公认的人物摄影大师，并为英国首相拍摄人物照，从此一发不可收拾，至今已为全世界100多位总统、首相拍过人物摄影。请他摄影的世界名流更是数不胜数，排队等候一两年是常事。鲍威尔终于成为一个真正的世界顶级摄影大师。

从鲍威尔的故事我们得知，在人生目标的实现过程中，一个人只有内心平静，努力充实自己，等待时机，戒骄戒躁，日子才会过得悠然自得，从容不迫；不去羡慕别人，这样才会找到自己的生活，完成自己的事业。

通常来讲，越是有所追求、想干点事的人，遇到的烦恼和痛苦就越多。凡事乐观一点、看开一点，相信自己，终会心想事成。

在人生旅途中，很多人为明天而焦虑，担心明天的生活、明天的工作。实际上，这不过是杞人忧天，我们谁也无法预料明天，我们所能掌控的只有当下。若想获得一个成功的人生，不仅要积累基础知识，更要修炼心性。心态改变命运，活好当下，全身心投入现在的生活和工作才是最重要的。未来靠的是现在，现在做什么、怎样做、要达到什么目标，决定了未来是怎样的。

当然，要放下为明天担忧的苦恼，要从现在做起，以自身为本，培养出一种艰苦奋斗、开拓进取的精神品质；要树立积极乐观的人生态度，要把个人的成长与社会的发展紧密地结合起来，从自己狭小的生活天地里走出来，从而实现崇高的人生目标。

詹姆士·巴里说："快乐的秘密，不在于做你所爱的事，而在于爱你所做的事。"工作在我们的人生中占据了大部分最美好的时光。比尔·盖茨有句话："每天早上醒来，一想到所从事的工作和所开发的技术将会给人类生活带来巨大的影响和变化，我就会无比地兴奋和激动。"

心态启示

其实，我们早已知道，烦恼让我们的身心健康受到威胁，毫无益处可言，我们的生活中从未有人因为烦恼而改善自己的生活状况，因此，我们不妨抛却烦恼，做个快乐的人。做一个快乐的人其实并不难，拥有幸福的人生很简单，只要我们懂得珍惜今天，把握好今天，放下焦虑，从容地迎接明天。

欲望少一分，焦虑也就少一分

"贪者，恶之大也"；"祸莫大于不知足"；"非智之不足，非技之不胜，利令智昏，贪婪之心，才是天下祸机之所伏”。贪婪是人性的一大弱点。一般而言，贪婪心理的形成主要是由于错误的价值观念：社会是为自己而存在，天下之物皆为自己所有。这种人存在极端的个人主义思想，永远不会满足。他们得陇望蜀，有了票子想房子，有了房子想位子，永不知足。于是，他们陷入无止境的欲求之中，一旦自己的欲求满足不了，就产生焦虑情绪，有何快乐可言？

不管你是在温室中成长，还是在困苦中挣扎，欲望都会存在于你的心中。欲望可以成为我们的信念，支撑我们渡过难关，但欲望也像鸦片，容易上瘾。皮埃尔·布尔古说过：“人们常常听到这样一句话：‘是欲望毁了他。’然而，这往往是错误的。并不是欲望，而是人本身的无能、懒惰或糊涂毁了人。”

有这样一个故事：

从前，一家兄弟三人。老大脑子不灵光，四十好几的人，还是光棍儿一条，整日里破衣烂衫，连一身像样的衣服都没有。有人问他：“你最大的心愿是什么？”他情不自禁地脱口而出：“要随我心，天天新衣。”

老二有个小康之家，衣食不缺，只是长相太丑，找了一个比他还难看的女人为妻。当问到他的心愿时，他迫不及待地说：“要随我心，天天娶亲。”

老三由于经营有方，再加上天资聪慧和好运连连，是远近闻名的富豪。当人们问他有什么心愿时，他毫不顾忌地说："要随我心，挖一窨金。"

这只是个故事，但从中可以看出人的贪婪之心。"人心不足蛇吞象"，多么贴切的比喻。贪婪之心就像是一个恶魔，一旦附身，就会让人难以善始善终。仔细再想，其实我们又何尝不是如此呢？读过这个故事之后，我们都应该好好地反思一下：怎样才能摆脱贪婪之心呢？

1. 警示自己

我们可以前人的正反事例来警示自己。现实中的许多人，因为贪婪，以致身败名裂，留下千古骂名，到头来后悔莫及。我们应以前人的事例时刻警示自己，消除贪婪心理。

2. 自我反思法

你可以拿出一张纸，然后在纸上连续20次写出"我喜欢……"这个问题的答案。回答时应不假思索，限时20秒钟，全部写完后，逐一分析哪些欲望是合理的，哪些是过分的，这样就能明确贪婪的对象与范围，对造成贪婪心理的原因及其危害作出较深层的分析。

3. 常保知足之心

人们常说："知足常乐。""知足"，就不会心生邪念；而"常乐"则能保持心理平衡。

心态启示

我们都是平凡的人，并不能真正做到摒弃功利，甚至连哲学家也很难摒弃人性的这一弱点。对功名的追求有积极的一面，但过于执着于此，就会衍生成无限膨胀的欲望，使人性发生质变。我们若想获得快乐，就要学会少要求一点，只要经常修剪自己的欲望，少点欲求，就会少一分焦虑！

淡定处之，万事顺其自然

生活中，人们常说“心急吃不了热豆腐”，指做事不要急于求成，应脚踏实地。的确，对生活过于焦虑的人，生活是不会积极回馈他的。太想成功者，反而会与成功无缘；太想赢的人，最后往往很难赢；太想达到目标的人，往往不容易达到目标。过于焦虑就是自寻烦恼，事情的成败往往不会以我们的意志为转移，欲速则不达，凡事不可急于求成。淡然处之，持之以恒，成功的概率反而会大大增加。

一位少年一心想早日成名，于是拜一位剑术高人为师。他迫不及待地问师傅多久才能学成，师傅答曰：“十年。”少年又问，如果他全力以赴、夜以继日要多久，师傅回答：“那就要三十年。”少年还不死心，问如果拼死修炼要多久，师傅回答：“七十年。”

这里，少年学成并非真的要七十年，师傅之所以如此回答，是因为他看穿了少年的心态。少年可谓是不惜一切想尽快成功，但他没有平和的心态，势必以失败告终。渴望成功、努力追求都没有错，但渴望一夜成名的心态反而会使人欲速不达。

其实，不光是这个少年，在现实生活中，类似的急功近利者并不鲜见，他们凡事追求速度，以至于经常在做一件事时还没开始多久就结束了。急于求成，心浮气躁，往往使人不注意做事的质量，常把最简单、最普通的事搞得一塌糊涂，更不必说富有挑战性的大事。

事实上，一种能力的获得，一个目标的达成，都不是一蹴而就的，而是需要一个艰苦历练与奋斗的过程。正所谓“宝剑锋从磨砺出，梅花香自苦寒来”，我们做任何事都应该本着脚踏实地的原则，一步一个脚印，这样才能走向成功，因此，任何急功近利的做法都是愚蠢的。急于求成，只能适得其反，结果只能功亏一篑，落得拔苗助长的笑话。

强扭的瓜不甜，强求的事难成，以淡定的心态面对，往往会水到渠成。人们的主观愿望与实际生活总是有差距的。我们千万不可把自己的主观意愿强加于客观现实中，而应该学会随时调整主观与客观之间的差距。凡事顺其自然。有些事情就是奇怪，你越努力渴求，它越迟迟不来，让你等得心急火燎、焦头烂额。终于，你等得不耐烦了，正想放弃时，它却又如从天降，给你个惊喜满怀。

孔子曰："无欲速，无见小利。欲速，则不达；见小利，则大事不成。"真正成大事者，都遵循自然的规律，遇事临危不乱、镇定自若，他们都有一份定力，这是一种有长远眼光的表现。只有凡事不急于求成，才能真正有所成就。

当然，顺其自然，不是一种消极避世的生活态度，而是站在更高层次来俯视生活的一种感觉。

心态启示

人生路上，无论何事，最忌急于求成。凡事只有经过深思熟虑再行动，才有更多成功的机会；不按照事物的发展规律办事，只能是徒劳无功。如果我们学会在生活中按客观规律办事，就会获得事半功倍的效果。

自我调节，用平常心抵抗焦虑情绪

一位德国哲学家讲过这么一段话：没有什么情感比焦虑更令人苦恼了，它给我们的心理造成巨大的痛苦。而焦虑并非由实际威胁所引起，其给人的紧张惊恐程度与现实情况很不相称。通常来说，焦虑是无谓的担心。我们要彻底摆脱使人苦恼的焦虑，就要平静身心。

和煦的春风里，师傅带着小和尚来到寺庙的后院，打扫冬日留下的枯枝残叶。小和尚建议说："师傅，枯叶是养料，快撒点种子吧！"

师傅说："不着急，随时。"

种子到手了，师傅对小和尚说："去种吧。"不料，一阵风起，撒下去不少，也吹走不少。

小和尚着急地对师傅说："师傅，好多种子都被吹飞了。"

师傅说："没关系，吹走的净是空的，撒下去也发不了芽，随性。"

刚撒完种子，这时飞来几只小鸟，在土里一阵刨食。小和尚急着对小鸟连轰带赶，然后向师傅报告说："糟了，种子都被鸟吃了。"

师傅说："急什么，种子多着呢，吃不完，随遇。"

半夜，一阵狂风暴雨。小和尚来到师傅房间带着哭腔对师傅说："这下全完了，种子都被雨水冲走了。"

师傅答说"冲就冲吧，冲到哪儿都是发芽，随缘。"

几天过去了，昔日光秃秃的地上长出了许多新绿，连没有播种到的地方也有小苗探出了头。小和尚高兴地说："师傅，快来看呐，都长出来了。"

师傅依然平静如昔地说："应该是这样吧，随喜。"

这则故事告诉我们，人生无常，但是，只要保持内心平静，无论外在世界怎么变幻莫测，我们都能坦然面对，做到不为情感左右、不为名利牵引，从而洞悉事物本质，做到实事求是。

对此，我们应积极寻求克服焦虑的心理策略，下面的自我调节方法或许有助于你早日摆脱焦虑。

1. 挖掘出引起焦虑和痛苦的根本原因

研究发现，很多焦虑症患者患病是有一个过程的。在他们的潜意识中，长期存在一些被压抑的情绪体验，或者曾受过某种心灵的创伤，并且，这些焦虑症状早以其他形式体现出来，只是患者本人没有对自己的情况予以重视。因此，一旦发现自己有焦虑情绪，就应该及时自我调节、自我调整，把意识深层中引起焦虑和痛苦的事情挖掘出来，必要时可以采取合适的发泄方法，将痛苦和焦虑的根源尽情地发泄出去，经过发泄之后，症状可得到明显减缓。

2. 尽可能地保持心平气和

要摆脱焦虑，最忌急躁；平和的心态是舒缓焦虑情绪的关键。凡事看淡一些，这对有焦虑症患者尤为重要。

3. 必须树立起自信心

那些易焦虑的人，通常有自卑的特点，遇事时，他们多半会看低自己的能力而夸大事情的难度；一旦遇到挫折，焦虑情绪和自卑心更为明显。因此，在发现了自己的弱点，应该予以重视并努力加以纠正，决不能存有依赖心理，等待他人的帮助。要树立自信，有了自信心就不会害怕失败。十次之中成功一次，就会增添一份自信，焦虑情绪自然会退却。

心态启示

人生的平淡和起伏都是生命的轨迹，只有内心平和的人才能体味其中的真谛，因此，我们不妨以平常心看待生活，用心去享受简单生活中的快乐、幸福！

第05章

放松身心，告别疲乏的情绪旋涡

我们知道，人是群居动物，我们每个人每天都要面临繁重的工作压力，为生计奔波，我们常常需要周旋于各种应酬场合。立身于尘世中太久，你是否觉得压力大？你不知道自己要的到底是什么样的生活？你是否感到身心俱疲？如果是，那么你应该停下脚步，给自己一段独立思考的时间，适当调整工作、学习与休息的时间，经常散散心，放松绷紧的神经，清除内心的情绪垃圾，释放压力，重新起航。

放慢脚步，学会欣赏路上的美景

人们常说，人生就是一次旅行，在这一过程中，只有跋山涉水，不惧艰辛，走过忧郁的峡谷，穿过快乐的山峰，蹚过辛酸的河流，越过滔滔的海洋，才能走到生命的最高峰，领略美好的风景。然而，常常我们忽略的是，美好的风景就在眼前，何不放慢脚步欣赏呢？

生活中的很多人，一直信奉勇往直前的原则，向往着未来的、美好的生活，于是，他们总是在马不停蹄地追赶。时过境迁，当青春年华不再时，他们才知道自己已经错过了生命里最美的时光。因此，当觉得“累”了的时候，不妨告诉自己，该放松了。

现代社会中，每个人每天都要面临紧张的工作、生活压力，常常感到身心俱疲，而实际上，这些压力往往是自己强加给自己的。我们总是盯着前方的路，而忽视了当下的风景。

因此，要释放自己的内心，就要学会享受生活，完善内心修养，提高自身能力，争取更大的空间和更好的生活质量，并有一颗乐观向上的心。

心态启示

人们常常认为的“美好的风景在别处”，有时候还包含了一种对未来生活的幻想，当然，渴求改变现有生活并没有什么过错，但如果因此而忽视现有生活的美好，就有点得不偿失了。

告别生活的简单重复，为生活添点彩

生活是简单、单调并且现实的，我们并不是活在锦衣玉食、花团锦簇中，我们必须为生活、为家庭、为事业奔波，很多时候，我们会感到非常疲惫。其实，只要我们懂得调节自己，就能为简单的生活添点彩。

在旁人看来，刘云应该是个很幸福的女人，她家庭和睦，丈夫事业有成，每天都有大把的时间做美容、逛街。但谁又知道全职太太的烦恼呢？即使把所有的名牌都买回家，也不能填补内心的空虚；即使打扮得再漂亮，丈夫也没时间多看一眼。更让她烦躁的是，她每天的生活太简单了：早上7点钟起来，准时为丈夫和儿子做早饭；8点钟送丈夫出门；

中午11点，她开始为自己做午饭；下午3点钟，喝下午茶、做美容；下午5点钟，开始为丈夫和儿子准备晚饭。

其实，这样的生活已经五年了，但最近刘云觉得内心特别焦躁，她在想，如果人生剩下的几十年都要这么活下去，那该多悲哀？

后来，刘云的一个姐妹劝她：“你现在还年轻，手上也有资金，为什么不自己开个小店呢？”

“开什么店好呢？”刘云问。

“宠物店啊，你不是最喜欢宠物吗？再说，你住的是别墅区，周围都是有钱人，肯定能挣到钱。”

刘云认为朋友说得有道理，她将自己的想法告诉了丈夫，谁知道，他竟然同意了。说干就干，现在刘云的宠物店的生意十分红火，生意兴隆，生活自然也就有了干劲。

我们要有好的心态，用平和的心态去面对生活的平凡与简单，并努力让生活变得不单调，从而让自己享受持久的快乐。其实，平凡本身就是一种幸福，你需要做的是，体验一种平凡、持久的快乐。

因此，忙碌的人们，从现在起，不妨先善待自己，让自己的身心都偷一下懒：

1．每天出门前将自己打扮得干净、利落一点，然后面对镜子，对自己微笑；

2．每天睡觉前读点书，因为书籍能让我们的灵魂不再空虚。

3. 偶尔写点东西，用文字把自己的心情记录下来。

4. 买适合自己的衣服，不要让衣服束缚你的身体。

5. 可以偶尔变换一下穿衣风格，改变自己的心情，也给他人一个焕然一新的感觉。

6. 经常变换发型，当然要与服装搭配。

7. 交几个聊得来的朋友，在生活中遇到什么事情，他们能诚心诚意地给你提些建议。

8. 养几盆花草，悉心照料它们，当它们开出花儿的时候，你会很有成就感。

心态启示

我们在生活中要学会自我调节，拿得起放得下。工作的时候认真工作，玩的时候就尽情地玩。想打扮就打扮，想吃就吃，想睡就睡，随心所欲吧。人生在世难得几回醉，我们要学会善待自己，学会享受生活。

身心疲倦，职场倦怠如何缓解

网络上曾经有个被网友广为流传的帖子，内容是这样的：

“你最痛苦的事情是什么？”

“加班。”

“比加班更痛苦的事呢？”

“天天加班。”

“比天天加班更痛苦的呢？”

“义务加班。”

为什么这段话能受到网友们的热捧？很明显，因为它真切地传达了很多人内心对工作的情绪。如果你对这种情绪有同感，那就表明：“倦怠情绪”正在你的身体中蔓延。

小夏是一家知名化妆品公司的员工。在大多数人眼里，她是一个幸运儿——目前从事的化妆品市场推广工作，既与自己专业对口，又与自己兴趣相投。她已经在这个公司工作了整整7年。

7年来，小夏没有得到升职。目前的她越来越觉得工作没劲。她无奈地说：“我每天都不想上班，就想着只要不出错就万事大吉了。虽说我曾为了能实现自己的梦想付出了很多，但现在那种职业的成就感没有了。”

小夏的情况在职场白领中较为普遍。我们也不妨为自己做一诊断，看看自己是否正在懈怠中。

●对工作开始缺乏热情，注意力不集中，对上级交代的任务提不起兴趣，工作时间延长，同样的工作需要花费更多的时间；

●经常会出现头痛、胃痛、肌肉酸痛等症状；

●开始莫名其妙地猜疑一些事情，比如，老怀疑自己生病了，不停地去看医生；

●缺乏食欲，失眠；

●在工作中情绪不稳定，对人际关系敏感，遇事容易着急，一着急又容易发火。

以上五个选项，如果你有三种以上的症状，就要警惕了，你很可能已经成为一只可怜的职场“倦鸟”。

那么，如何才能解除这种职场倦怠感呢？

1．科学规划职业生涯

先了解自己的特长、优点等，这样，你才能寻找到适合自己的工作，并在工作中得到成就感和满足感；同时，你的职业前景也会变得明朗、开阔起来。

2．端正自己的心态

工作并不只是为了获得每月定时发放的工资，工作更是一种自我价值与社会价值实现的过程，因此，我们每天都要带着感恩的、阳光的心态去工作。

3．与同事、上司搞好关系

在工作中，与上司、同事的关系如何，直接关系到你在工作中的心情、效率等。

4．不会休息的人同样不会工作

即使再忙，你也一定要保证每周至少一天的休闲时间，让自己从繁忙的工作中脱离出来。

心态启示

所谓职业倦怠，指的是人们因为缺乏职业目标和规划，或者因为工作中出现某些问题、对工作环境不满等方面而导致的工作热情缺乏、工作效率下降的现象。

心向目标，要用行动支撑

生活中，人们常开玩笑说："梦想很丰满，现实很骨感。"人活于世，我们都想留下点什么，但并不是所有人都能实现自己的梦想。甚至有一部分人，虽然他们年少时有自己的梦想，但在不断的追梦过程中，他们经受不住来自外界的诱惑，逐渐被尘世中的名与利迷乱了双眼，并在名利中沉沦下去。终有一天，当他们回首过去，却发现自己已经远离了当初的梦想。

吴起是战国时代的名将，谋略超人，但他痴迷于名利，为了求名，他不择手段。为了赢得鲁国的信任，他竟然杀了与自己共患难、携带大量金银珠宝和自己私奔的妻子，就因为他的妻子是齐国人——齐国是鲁国的敌国。事后，他虽然成名，但不幸的是总遭小人暗算，三起三落。因求名而得名，他做到了；然而，盛名之下，其实难副，他因名丧命，最终失败。

现代社会，类似吴起的人并不少见。诚然，社会竞争之激烈要求我们不断充实自己，否则就会被社会淘汰；但如果一味地以追名逐利为目的，那么，在不断的追逐中，我们终将失去自我而成为名利的奴隶。因此，我们需要常常自省，检查自己的行为与思想是否偏离了人生的轨道。

那么，生活中的人们该如何以正确的心态提升自己呢？

1．为自己制订一个合适的计划和目标

不追名逐利，并不意味着宁愿庸庸碌碌、放弃自己的梦想。的确，每个人都有梦想，但并不是所有人都实现了梦想，这其中一个重要原因就是失败者没有规定自己要在一定期限内完成自己的目标。于是，随着时间的推移，这些人的梦想只能逐渐搁浅。我们常说，没有做不到，只有想不到。也就是说，没有不合理的目标，只有不合理的期限。所以，在设立目标的同时，一定不能忘了为自己的目标设定一个期限。

比如，你的目标是要完成一本书的写作，但你并没有给自己一个期限，那么，你就会不断给自己找借口，不断拖延下去，直到生命的终结。如果你给自己设定一个期限，如一年，或者两年、三年，那么，你就会按照这个期限来约束自己，在规定的时间内完成。

当然，设置的这个期限需要有一定的紧迫性，并具有合理性。这样才能鞭策我们。

2. 经常为自己充电

“活到老，学到老”是现代人必须具备的理念。无论是拿出业余时间去深造，还是在工作中不断学习，我们都应该展开思索与行动，为自己作好职业定位，量身打造一个充电计划，由此才能拥有纵横职场的能力。

3. 常自省

你是否因为周围人升迁、获得财富而触动？你是否为了赶超他们而采取过行动？你是否想一夜暴富？如果有这样的想法，你最好停下脚步，告诫自己，不要迷失了人生的方向。如此，你定能潇洒地看待人生。

心态启示

有人说，人生路漫漫，人生路奇妙，因为各种突如其来的选择，我们与许多本来有缘的道路绝缘，走上原本没有关系的道路。你需要做的是，选择正确的人生道路，赶快规划自己的人生，永远给自己一个新的机会，这样才能离属于你的舞台越来越近！

激发兴趣，让兴趣带动干劲

我们可能都有这样的经历：学生时代，偶尔会上课打瞌睡，其中一个重要原因是我们对那门功课不感兴趣。同样，当我们对自己所做的工作不感兴趣时，也会感觉到疲惫，无精打采，业绩奇差，甚至没有业绩。

的确，工作不仅为我们提供了生存的机会，还让我们找到了自己在社会中的价值。但事实上，并不是所有人都能认识到这一点，我们经常看到，一些人或因为报酬不理想而放弃现在的工作，或为了一个薪资更好的工作而放弃快乐，或在现有工作上“做一天和尚撞一天钟”“得过且过”，他们工作的目的就是领取每月按时发放的薪水。你是否想过，你工作得快乐吗?

失去工作就等于失去快乐。工作能给你带来乐趣，而不只是金钱。因此，要为自己工作，做一行就要爱一行。

下面的四个步骤能帮你反省自己在做什么，试着用一点点时间来思考一下，也许你会为你所发现的真相感到惊讶。

1．保持良好的精神状态，迎接每一天的工作

你要确立并始终保持不甘落后、积极向上、奋发有为的精神状态，清醒地认识自己肩负的责任，切实增强时不我待、只争朝夕的紧迫感，树立强烈的事业心和进取意识。如果只是把所从事的工作当成一个混饭吃的营生，那么，你就

很难有工作积极性，也就很难做好工作。

2．不要只把注意力放在金钱上

钱是赚不够的，因此，我们不要只把眼光放在薪金的多少上，而是应该多关注自己创造的价值。工作带给你的成就感和满足感是超越金钱带给你的报酬的。

3．找出你在工作上的重要价值

请思考：当初你为何接下这份工作？如果这只是一份临时的工作，你是否认真考虑过将来你真正想做的事是什么？然后再问你自己：因为我的加入，这份工作是否变得不一样？正确的价值观在个人成就感及福祉中扮演着重要角色。

检讨自己为何做现在的工作并不代表你不满意它，只是花些时间自省。这样的省察会使自我意识到工作的成就感，加强自我实现的意志，真正知道自己在做什么。

4．敢于问自己：我做这份工作值得吗

如果在工作中你根本发现不了自己喜爱的部分，正想尝试换另外一份工作，那么，你应该考虑一下，是否源于以下原因：是不是因为你自己没找到在工作中努力的方向，而不是这份工作本身的问题？你是否喜欢工作中的自己？若答案为否，你能够作一些改变吗？或者，问题是出在工作本身？你是否要换到另一部门工作？是否有其他责任使你无法完成该做的工作？所以，也许你只需要重新调整好焦距，审慎地进行选择。

心态启示

当我们能真正地做到为自己工作、为明天积累时，将拥有更大的挥洒空间、更多的实践和锻炼的机会。找到工作中的乐趣，能够让你在工作岗位上更主动、更积极地处理各项事务，为自己不断开创新的机会和发展空间！

让家务有乐趣，家庭生活也丰富多彩

每个成家的人都有一种真切的感受——生活中似乎总有做不完的家务事。他们永远像忙碌的小蚂蚁，不仅要为工作操心，还要为烦琐的家务劳神。其实，生活本就是烦琐的，家务更是永远也做不完的。若想让自己的身心轻松一些，就要学会在简单中寻求突变，让家庭生活多元化起来。

我们先来听听王女士的经验：

“今天（周六）休班，恰逢小的上学老的上班，不用早早地起来做早饭、紧赶慢赶地做午饭了，可以享受下这难得的轻松和自在了。于是决定对自己纵容一下，赖一下床，不去做家务，而昔日的周六我都是蓬头垢面地埋在家务堆里整整一天的。赖床的感觉真好！但是没享受回笼觉，而是将笔记本搬到被窝里开始一通忙活，先是将空间的菜地收拾了，顺便偷点别人的东西，然后整理下相册，再然后开始了痴迷的五子棋。

“看了下时间，将近11点了，不能再赖了。接下来，我把音响开了，听着轻轻的音乐，开始拖地，发现这个做法还真不错，偌大的客厅一下子就搞定了。

“到12点半的时候，家务活差不多做完了，我给自己煮了杯咖啡，我还是喜欢黑咖啡的味道……”

“其实自己对家务并无怨言，有时候觉得是一种乐趣，而且是当成玩儿来进行的。比如，今天一边收拾一边来了兴致拿着相机乱拍，今日的主要目标是我的绿萝。

“做一个主妇是不易的，尤其像我这样比较勤劳的主妇，要学会在适当的时候调适一下自己。忙碌之余，为自己沏上一杯咖啡，端坐在自己的领地，悠闲地读上一本好书，或网上冲浪，也是一种惬意。”

听完王女士的叙说，你还觉得家务是一件令人犯愁的事吗？那么，如何轻松地做家务？

1. 不要有心理负担

在做家务时，不要总强迫自己：“这么多事，今天必须要做完”，也没有必要把做家务当成一件必须做的事，即使不做也没什么。可以转换一下想法：做家务是一件放松心情的事，可以让自己远离费心劳神的工作。这样，做家务的兴致便会油然而生。

2．不要操之过急

既然家务并不是一件必做不可的事，那么，就没必要图快，过多考虑做家务的速度和质量，只会让人容易产生疲劳感。为此，不妨听着音乐做家务，这样不仅不会觉得疲劳，还会觉得是一种享受；或是在闲暇时哼着小曲整理一下衣柜，可以把不再穿的衣服送给适合穿的人，看着孩子的小衣服还会想起孩子小时候的可爱模样，这也是一种精神享受；在做完家务后不妨为自己泡上一杯茶，犒劳一下自己。

3．不必过分认真

有不少人对自己乃至家人做家务的质量总是不满意，比如，衣服没有洗干净、地没有拖干净等，为此喋喋不休，这么一来，做家务还有什么意思呢？即使家务没做好，也不是什么违反原则的事，对此不必较真。

心态启示

面对烦琐的家务，若我们能以一种闲适的心情来做，把它当成一种乐趣，那么，做家务就会成为我们放松心情的一种享受！

第06章

看开一点，一切不安情绪自会消除

有人说：“天使之所以会飞，是因为她们把自己看得很轻。人之所以有痛苦烦恼，常常就是因为不能把自己看淡、看轻一点。”生活中，很多事不要太刻意强求，要淡然地面对生活。不论生命过程有多少不如意，一定要找个理由让自己的心情快乐起来，凡事看开一点，微笑才是最重要的。

尽力而为，不必争强好胜

中国人常说："人比人，气死人。"这话没错，人们似乎已经习惯了拿自己与他人对比，而一比，就会发现自己事事不如人，在众人面前抬不起头来，这样无疑会加重自己的心理负担。

现代社会中，人们之所以感到压力大，很多时候是因为无谓的攀比，比吃、比穿、比住……结果最终导致自己崩溃。这就好比自行车轮胎和汽车轮胎，自行车轮胎根本无法承载汽车轮胎所能承载的重量，若一味逞强好胜，最终只能被压爆。如果我们注重内心世界的感受，或许能淡化争强好胜的心。

美国街头有一名男子，弹着吉他，为过路的人演唱。有一个中国姑娘路过，很吃惊，问这男子，你这么年轻为什么在街头卖唱？这男子说，我觉得这样很好，能给大家带来幸福！我每天过得很充实，不觉得低贱。难道只有金钱可以决定幸福与否吗？

从这件事可以看出，价值不是用金钱与物质衡量的，幸福也不是金钱带来的。只有放下对物质的追求，注重精神世界的充盈，才能真正活出自我，得到真正的幸福。然而，好虚荣、要面子的焦虑心理具有一定的普遍性，要调整这种心理状态，我们应该客观地认识自己，不要对自己提出超出自己实际的过高要求。

现代社会中，人们不可能像陶渊明一样，完全做到“隐于市”，但至少能够以正确的心态对待竞争。良性的竞争有助于我们自我鞭策与激励，充实内在；而恶性的竞争会使人陷入为达目的誓不罢休的地步。诚然，竞争对手会给我带来巨大的压力，但我们绝不可对其恶语相加，甚至大打出手。实际上，人们在被对手贬低的时候，都会有一种反击的心理。因此，你的打击可能正是让对手努力的动力。

心态启示

每个人都不应该故步自封，而应该不断充实、超越自己，但积极不能过了头，不能演变成争强好胜。每个人的目标都应恰到好处，只有切合实际的超越、对比，才能使自己不断进步，才能使自己受益多多，才能让生活充满活力！

享受过程的美好，别刻意追求结果

现实生活里，大多数人渴望人生丰富多彩，不遗余力地追求理想目标，却不知道淡然地享受人生就是幸福快乐。其实，无论人生目标有多么宏伟远大，也不能为了“短暂”的拥有而放弃过程里的开心微笑。

人不能改变过去，也不能控制将来，人能控制改变的只是此时此刻的心念、语言和行为。过去和未来的东西都是虚无缥缈的，只有当下才是真实的。因此，我们每个人都应该学会体验生命过程的丰富多彩，享受其中的愉快幸福。

一位迟暮之年的富翁，沐浴着冬日的阳光在海边散步。他看到一个渔夫在悠闲地晒着太阳，就问道：“你为什么不打鱼呢？”

“为什么要打鱼呢？”渔夫反问道。

“挣钱买大渔船啊！”

“买大渔船干什么?”

“打很多的鱼，你就可以成为富翁了。”

“成了富翁又能怎么样呢？”

“你就不用打鱼了，就可以像我一样幸福自在地晒太阳啦!”

“我不正在晒太阳吗？”

富翁哑口无言。

是啊，有时候我们苦苦追求所谓的幸福与快乐，其实就在眼前，那又为什么不知足呢？很多人，经过多年的打拼和艰苦的奋斗，也许会有所成就——但人的一生就该如此忙碌地拼搏到死吗？其实，享受真正的人生之旅比直到旅程结束时还没有感受到快乐重要得多。

幸福是一种心境，淡泊宁静，不计较得失，不在乎成败，这是一种睿智的生活态度和生活方式。

很多人认为，人的一生，最美好的风景当然是在前方，于是，他们总是马不停蹄地赶路，总是对前方的路满怀期待，实际上，他们总是不断地失望。他们忽略了，当下的风景也会让人沉醉！

生活在商品经济的大潮里，每个人都要面对物欲横流的红尘世界的诱惑，对欲望的追求加快了我们前进的脚步，让我们总觉得不远处的鲜花和掌声正在向我们招手，不容我们用更多的时间去欣赏周遭的风景。当我们殚精竭虑地攫取了满怀鲜花时，当我们白发苍苍时，会发现曾经在路边绽放的小花更加惹人爱怜，然而，我们往往已没有机会再回头去欣赏它的淡雅美丽了。

可见，我们要懂得享受过程，真正让我们满足的也是过程。人的一生也是如此，最美的不是结果，而是人生的旅途。

心态启示

生命的意义不仅在于成就伟大的事业，实现崇高的人生目标，或者拥有巨额的财富，也在于淡然地享受人生追求过程中的愉快心情，感受人生过程里那份淡淡的幸福味道。

瑕不掩瑜，没有完美无瑕的人

人在一生中总会经历不同的坎坷与困难，没有一个人可以保证人生一帆风顺。生活中的小麻烦、小问题总是此起彼伏，我们常常会因为处理这些小问题而烦恼不堪。其实，问题的好坏还在于我们看待它们的眼光，我们若把问题的焦点放在坏的一面，看到的就是满目疮痍；若多看好的一面，看到的就是春光灿烂。

莱利斯·格罗夫斯说："没有人的一生一帆风顺，任何人都会遭逢厄运。积极的心态和顽强的努力能让你解决任何难题。"

美国联合保险公司董事长克里蒙·史东则说："真正的成功秘诀是'肯定人生'四个字，如果你能以坚定而乐观的态度去面对一切困难险阻，那么，你一定能从中得到好处。”

生活中的人们，你还在为自己处理不好一件小事而自怨自艾吗？其实这种想法是不对的。对此，你不必苛求自己。人生在世，无论我们做什么事，如果紧紧盯着事情的消极面，那么，这种心态将会成为我们愉快生活的障碍。减轻自己的心理负荷，抛开一切得失成败，我们才能获得一份超然和自在，才能享受幸福、成功的人生。

事实上，那些让你痛苦的烦恼都是可以解决的，只要你换个心情、换个角度，看到的就是另外一片风景。所以，在遇到苦难挫折时，不妨把暂时的困难当作黎明前的黑暗。只要以积极的心态去观察、去思考，就会发现，事实远没有想象中的那样糟糕。换个角度去观察，世界会更美。

心态启示

世界是否美丽，由我们的眼睛决定。悲观地看待世事，凡事想得太绝望，眼中的世界将是一片灰暗；心态乐观，眼中的世界就是一片光明。积极的心态，能够激发我们自身的聪明才智，一个人如果心态积极，乐观地面对人生，那他就成功了一半。

对自己微笑，放松自我

生活中，很多人因为自己的一些缺点而感到自卑，甚至一蹶不振。他们没发现，如果他们足够自信，这些缺点也是美的。因此，无论何时，我们都要学会对自己微笑，肯定自己，这样才能放松心情。

1942年，霍金在英格兰出生。不幸的是，他在20岁的时候患上一种肌肉不断萎缩的怪病，整个身体能够自主活动的部位越来越少，以致最后永远地被固定在轮椅上。可他并没有因此而中断学习和科研，而是一直以乐观的精神和顽强的毅力攀登着科学的高峰。

霍金毕业于牛津大学，毕业以后，长期从事宇宙基本定律的研究工作。他在所从事的研究领域中，取得了令世人瞩目与震惊的成就。

在一次学术报告会上，一位女记者登上讲台，提出一个令全场听众感到十分吃惊的问题：“霍金先生，疾病已将您永远固定在轮椅上，您不认为命运对您太不公平了吗？”这显然是个触及伤痛且难以回答的问题。

顿时，报告厅内鸦雀无声，所有人都注视着霍金，只见霍金头部斜靠着椅背，面带着安详的微笑，用能动的手指敲击着键盘。人们从屏幕上缓慢显示出的文字，看到了这样一段震撼心灵的回答：“我的手指还能活动，我的大脑还能思考，我有我终生追求的理想，我有我爱和爱我的亲人和朋友。”

报告厅里响起了长时间热烈的掌声，那是从人们心底迸发出的敬意和钦佩。

科学巨人霍金向我们证明：即使你满身缺点，你还有可以引以为傲的优点，这些优点一样可以让你自信。对于那些不能改变的外在缺陷，既不要悲伤，也不要失望，而应该庆幸，那些成功的人并非完人，只是因为他们能微笑地面对。为此，你需要做到：

1．发挥自己的长处

人的心里“住”着两种心态：一种是自信，另一种是自卑。人们总是在克服自卑、建立自信的过程中成长的。人无完人，每个人都有自己的长处和短处，所以在做事的时候一定要扬长避短。如果你总是做不适合你的事情，老拿你的短处与别人的长处比，那你很容易产生自卑感，进而挫伤自信心。

2．积极暗示

德国人力资源开发专家斯普林格在其所著的《激励的神话》一书中写道：“人生中重要的事情不是感到惬意，而是感到充沛的活力。”“强烈的自我激励是成功的先决条件。”所以，要学会自我激励，经常在内心告诉自己：“我相信自己可以做到。”如果你的心被自卑掩埋，那么你就输了。有自信，即使面对逆境，也能泰然自若，因为自信是力量增长的源泉。

心态启示

没有人是毫无缺点的，关键在于在我们的内心这个缺点所占的份额大小。如果我们将缺点无限制放大，它将会腐蚀我们内心，阻碍我们成功；如果我们能正视缺点，并在心里把缺点限制在一定的范围内，它就会成为我们努力和奋斗的催化剂，助我们成功。

乐观积极，要有点阿Q精神

人生在世，谁都不会事事顺心，如果因此自暴自弃，那么他的一生就是失败的。如果能学学鲁迅笔下的阿Q，凡事坦然一点，事情也许就不那么难了。所谓阿Q精神，就是要有乐观向上、懂得自我安慰的心态。

大发明家爱迪生在成功之前的生活是很潦倒的，他做过很多临时工，如餐馆服务员、报童等。即便如此，他也不忘自己的发明，有时候，即使挨饿他也要坚持做实验。更糟糕的是，爱迪生常常会面临数百次乃至上千次的失败，然而他没有因此倒下，用他的话说："即使再贫困，我也要去发明。失败了怕什么，至少我知道以前的方法行不通。”

爱迪生的这句话其实也是“阿Q精神”的一种体现，他并没有被失败打垮，而是通过不断地安慰自我，使自己更加有信心。

的确，我们的努力不一定会收到同等的回报，遇事不如意，我们千万不能自暴自弃，可以稍微学学阿Q，否则，就会缺乏自信。凡事都得往好的方面去想，没有鲜花灿烂的日子，能拥有一簇簇的绿叶也不错；没有硕果丰收的日子，能拥有绿荫也是收获；没有快乐的日子里，我们不能失去坚持的信念。即使经历一千次的失败，我们依然要笑对生活！

有人说，态度决定一切。这话是很有道理的。不同的心态，看问题时的眼光、角度都是不同的，在事情产生的结果上也是不同的。

很多人总是抱怨自己活得累，烦恼不断。其实，谁没有烦恼呢？只要生存，就有烦恼。烦恼带来的是痛苦还是快乐，取决于你的内心。人不是战胜痛苦的强者，便是向痛苦屈服的弱者。再重的担子，笑着也是挑，哭着也是挑。再不顺心的生活，微笑着撑过去了，就是胜利。

在生活中，阿Q的思维和行为在不少人身上或多或少地存在着，只是其存在的形式和表现方法有别。比如，有的男人在外边受了气，回家拿老婆出气；老婆受了气，回头打孩子，这叫“心理转移反应”。虽然这种心理转移反应不合理，也不值得提倡，但当事人通过这种心理转移卸掉了部分心理压力。又如，一个男人喜欢上了一个姑娘，可姑娘拒绝了他，他会这样安慰自己："这姑娘还配不上我呢！"因此，为了使自己活得快乐些，不妨有点阿Q精神。

心态启示

生活快乐与否，取决于个人对人、事、物的看法。面对人生的烦恼与挫折，最重要的是摆正自己的心态，积极面对一切。无论遇到什么困难，都不要忘记微笑。人在生活中为调解情绪、适应环境，应该有点阿Q精神。

第07章

坚持自己的信念，相信命运一定掌握在自己手里

这个世界有那么多的诱惑，只有坚持自己的信念，才不会迷茫。成熟的人懂得哪些是自己应该坚持的，对于成功他们总是有自己的一套想法，从来不会被繁华和诱惑俘虏，因此无论是否成功他们总是最阳光、最乐观的人。只要有思路，相信命运掌握在自己手里，并为此拼搏，那么，是否成功以及怎样看待成功就不再是问题，而只是答案和信念。成熟的人坚持自己的信念，因为坚持，所以成功。

身处浮华尘世，要有自己的主见

尘世繁华，年轻人生活在这个繁华的尘世当中，难免会被一些俗事杂念影响自己的思想和观念，难免会感到迷茫。现在这个时代，是一个各种价值观念迎面而来的时代、各种思想兼容并蓄的时代。面对这一切，我们极容易对自己从小树立起来的价值观感到动摇，极容易感到茫然无措，这一切并不是年轻惹的祸，也不是年龄可以解决的问题，一个人是否清醒，取决于他的信念和意志，取决于他是否有主见。面对这个浮华的尘世，有自己的主见，不人云亦云，不盲目攀比，才能够更成熟、更容易成功。

30岁以前，很多年轻人往往会被短期的利益蒙蔽自己的视线，作出一些错误的、对人生有伤害和损失的判断。只有坚定的信念才能让年轻人避免短期利益的诱惑，从而看得更远、更清晰。这个世界上总有这样那样的诱惑，而又总有各种荒谬的、不堪一击的理由来支撑那些丑陋的诱惑，使它外表上变得无懈可击。事实上，难道我们真不知道它是错误的吗？不知道这些会造成严重的后果吗？可是我们更愿意心存侥幸。

比如，前些年甚嚣尘上的传销活动，人们一开始可能真受了蒙蔽，被唾手可得的短期利益蒙蔽了我们的眼睛；或许有时也会对自己的某些行动心存疑虑，可是，那些狂轰滥炸的理论，如“金钱至上论”“只要你成功了，谁管你的钱是怎么来的”等，又让人们觉得那可能就是真的，觉得可以侥幸成功。面对让人眼花缭乱的各种诱惑，这一代的年轻人可能有着自己的优势：我有学问、有学历、有能力，为什么要做那些无聊的事，而不凭着真本事闯一番自己的事业？

同时，年轻人也有着自己的迷惑：为什么别人年纪轻轻就自己创业，而我却不可以，却要忍受上司的脾气，别人的嘲笑？为什么他可以拥有那么好的职位，我却在这个破公司窝着？为什么别人可以买房、买车，我却必须忍受处处受限的生活？为什么别人不过每天盯盯盘，就可以潇洒度假，我却要拼死拼活地做工？为什么别人凭着一副谄媚的小人嘴脸就可以升职，我却要受这种窝囊气？

人和人是不一样的，你在羡慕他人的同时，别人也在羡慕你。你只了解自己受的那些气，只觉得自己委屈，却没尝过别人担惊受怕或者背后挨骂的滋味。每个人都有两面，有的人表面看起来风光无限，可是背后也许正在流泪；有的人表面看上去含辛茹苦，却乐在其中。如果你只看到事物表面的东西就对那些繁华的表面动心、就羡慕嫉妒恨，那你遭到的痛苦就会非常大。

不要迷失自己，不管你对这个世界有多么不确定，至少有一件事是确定的，你付出多少就会收获多少。只要你做的事是人们所承认的，对于人们有正面的价值，你就会受到人们的尊重；只要你有足够的坚持，最终就能收获成功。不管社会上信奉怎样的价值观，不管那些价值观看起来有多诱人，年轻人都应该有自己的思想、有自己的主见。

一个人凭什么和另一个人不同？是凭着个人的思想，对于各种事情有自己的主见，有自己的一套见解，而这些，往往会让你变得与众不同。与众不同的观念是一个人胜出的关键。为什么股市上大多数人都在砸钱，而只有少数人能够一夜暴富？因为大多数人都在跟风，都在听专家的话，对于自己选择的股票没有自己的见解。只有少数的人会有自己的见解，心中对于股票的价值有自己的衡量，属于“有谱”一族，所以，不管操盘手怎样操作，他们盯住的就是公司整体价值的提升，他们自然会“稳赢”。

对于任何事，都要有自己的主见，三十岁以前，大多数人往往是不成熟的，容易模仿他人，也容易受到周围人的影响，爱攀比，爱炫耀，爱追逐一些奇怪的时尚；性格不定，价值观也极容易改变，这些都是幼稚的表现。但是，现在的我们根本不可能做到心智有多么成熟，毕竟二十多岁的人还有很多待改变的地方。所以，要根据自己的特质，跟优秀的人在一起，读引导性的正面积极的书籍，不断坚定自己的信念。这些都可以免除因为青涩幼稚而犯下荒唐的错误，可以避免迷失自己。

有自己的主见，有自己的追求，不轻易被迷惑，不摇摆不定，是一个成熟者最大的优点。保持头脑清醒，坚持自己的信念，可以让你更快走向成熟。

认清自己，规划好你的人生

30岁之前找不到人生的出路，并不可怕也不奇怪，要求30岁就有怎样的成就、怎样令人羡慕的地位是不现实的，更何况是现在的年轻人。

人们都说苦难使人早熟，而现在30岁左右的年轻人大多是“80后”，他们是从小在蜜罐里长大的。一个总是在幸福呵护中长大的年轻人，容易迷茫、缺乏方向感，不懂得怎样实现自己的价值是必然的。这是一个集体迷茫的时代，一方面是个人的原因，另一方面也有社会的因素，社会正处在一个转型期，各种价值观念在碰撞着，就连四五十岁的中年人都有一种迷茫感，更何况是30岁左右的年轻人呢？

不过，迷茫、找不到出路并不可怕，只要你有着自己的信念，有着明确的思路，迟早会找到自己人生的出路。可以说，现在的年轻人大多是比较清醒的，对自己的前途也有着自己的期待和规划，尽管这种规划还处在相当模糊的阶段。想一想以前未受教育的年轻人（很普遍），他们二十几岁的时候只不过是懵懵懂懂地过日子，谁懂得去规划一个未来呢？相对而言，这一代大概是处在刚刚醒来、尚且迷糊的阶段吧。

有人说“80后”是“失梦的一代”，失去梦想，满眼现实。有梦想是好事，但重视现实又有什么不对呢？为自己的将来规划一个可期的、现实的、明确的目标，不是比憧憬梦想更重要的一件事吗？为自己的将来寻找一条出路，不是每个人必须有的意识吗？现在开始，年轻人应思考自己将怎样成功，这并不可耻。只有个人有明确的思路，个人才能成功，集体才能壮大、才有将来。

30岁之前，你一定要弄清楚自己可以做什么，很多年轻人之所以一事无成，是因为他们有着太多的选择、有着太多的目标，太贪心，反而一无所成。想做什么是一回事，能做什么是另一回事。一个人能做的事情，能在哪个领域获得成功，其实是非常有限的。看看你的父母是做什么的，看看你受过的教育是哪方面的，看看你的兴趣、你的天赋在哪里，看看你的机缘在哪里，这一切就是你可能做的事情，可能的出路。

比尔·盖茨小时候就对计算机软件感兴趣，他大学就读于哈佛大学的计算机专业，最终他的事业就在计算机领域展开；毛泽东的父母都是农民，但他遇到了陈独秀，所以走上了革命的道路；李嘉诚从儿时开始就在雇佣关系的环境中成长，所以他成了一个商人；杨振宁的父亲就是科学家，另外很多科学家的家庭就是知识分子家庭，从小耳濡目染，长大后自然选择了科学领域。

你在一个怎样的家庭中成长？你最熟悉哪个领域？你在学校受到了怎样的专业教育？你的天赋在哪里？你工作后遇到了哪些贵人？从这些因素中，你能够找到你最终的出路，找到你最适合在哪个领域工作。只有最幼稚的人才会说“给我一个支点，我可以撬动地球”，成熟的人懂得用最短的时间弄清楚自己可以做哪些事、最擅长做哪些事，然后从这里面寻找契机，不断努力。

找到了自己适合的那条路，就在这条路上走下去，在不同的行业、完全不交叉的职业中转来转去、跳来跳去，是对人生最大的浪费。在选定的领域中坚持下去，你才能走到事业的顶点。

现在就想一想，你事业的顶点在哪里？你可能达到吗？对于你来说人生的顶点在哪里？你满意吗？如果答案是否定的，你需要对自己的职业再考量，或者寻找比较熟悉的交叉领域作为人生的顶点。

阿西莫夫是一位自然科学家，也是一位科普作家。他的成功就得益于对自己的再认识，想清楚了自己可能达到的最高点。一天上午，当他坐在打字机前打字的时候，突然意识到："我不能成为第一流的科学家，却能够成为第一流的科普作家。"于是，他几乎把全部精力放在了科普创作上，终于使自己成为当代世界最著名的科普作家。再如海岩，曾经是个警察，也是个商人，然而令他最出名的是社会实践的结晶——他的文学作品。为自己的职业规划一个可能的发展前景，会对你的人生有更大的帮助。

一个人，只有对自己的人生有明确的规划，才能够成就更大的事业。那些今天想这样做、明天想那样做的人，他们的思想是非常幼稚和混乱的。清楚自己可以做什么，清楚自己人生可以达到的高度，才是一个人成熟的表现。如果鲁迅没有弃医从文，我国就少了一个伟大的文学家；如果达尔文没有进入生物界，进化论就要晚上几十甚至几百年；如果爱因斯坦致力于做一个小职员，那物理学的发展要滞后几百年。

清晰的人生思路，比现实的出路还要重要，清楚自己能够做什么，正在做什么，将要怎样实现人生价值，一个人才能变得更加成熟。

看清前方的路，别迷失自我

30岁以前，年轻人总会有很多改变自己命运的机会，也许是一次不经意的交谈，也许是一次进修，也许是一次研究生考试，也许是自己一个微不足道的想法……总之，也许只要有那么一次偶然的机遇，命运的轨迹就会向着完全不同的方向划去。很多人都管这些叫作命运，本人认为，除了偶然的因素之外，人们根本的命运在于自己的努力。机遇会在每个人面前出现，然而只有勇气与胆识并存、才华与能力兼备的人才能够抓住它。

虽然年轻人大都处在事业的起点，但要积极寻找人生的拐点。人生就像一座迷宫，找到属于自己的那个拐点才可能走出迷茫，到达生命中的最高境界。

很多时候，人们总是在众多的拐点处迷失自己，以为前面有一条笔直的大道等着自己，实际上这条路没有多长，还是个死胡同。但是，你要相信，你以前走过的那些并不是冤枉路，如果你没有试验过那些路能不能走通，怎么知道哪一条才是属于自己的路呢？人生最可悲的是在重复的道路之间绕来绕去，以为自己走过了很长的路，其实不过是在原地绕圈子。

大多数年轻人，都在人生的迷宫中兜兜转转，直到生命的终点都没有弄明白自己到底迷失在哪里，自己到底错过了什么。寻找自己人生的拐点，并不是一件简单的事，它需要足够的勇气和经验，需要高明的眼光和敏锐的判断力，需要果断地拒绝一些不适合自己的诱惑。当人们选择了一些东西的时候，同时也拒绝了一些看起来同样美好的东西，也许会因此而惋惜，但不必为此后悔。

哪些才是适合我们的命运的拐点？机会时时处处都会出现，但显然有一些并不属于我们。就像在迷宫里，处处都会出现拐点，可那些并不都通向出口。当你和众人挤破了头，抢到了一个机会的时候，也许会突然发现，那不是命运的拐点，而只是一个陷阱。

记得一个朋友毕业以后，和三个同龄人一起进入了一家日企，局面注定了要淘汰两个竞争对手，于是平时懒散的他破天荒努力起来，当然，最终他胜出了。可就在同时，他陷入了两难境地：一是他的性格与企业文化格格不入，他总是要非常谨慎、高度紧张，才能不犯错误，于是几乎每天的工作都变成了一种灾难；二是那份好不容易争取来的工作，其实对于他来说就像块鸡肋，待遇还可以，但发展前景并不好。退出吧，觉得是自己好不容易才争取来的；继续吧，实在没有多大价值。

很多时候，年轻人常常因为一时的冲动，或者因为有竞争，才觉得某个位置无限美好，事实上，仔细观察清楚，会发现它并不是那么诱人。有一个小故事：一位老农把喂牛的草料铲到一间小茅屋的屋檐上，看到的人不免感到奇怪，于是问他："为什么不把草放在地上让牛吃？"老农说："这种草草质不好，我要是放在地上牛就不屑一顾，但是，我放到让它勉强能够得着的屋檐上，它就会努力去吃，直到把全部草料吃个精光。"不可否认，很多时候，我们就像那些牛，总觉得自己努力争取到的才是最好的，结果它可能是最差劲的。

很多时候，面对外界那么多的诱惑，要学会分辨，哪些才是适合自己的人生机遇，哪些不过是人为伪装出来的陷阱。要知道，任何表面风光无限的东西，都可能是炒作出来的，其本质也许一文不值。

年轻人处在事业的起点，连做梦都想着一个好机遇突然降临在自己身边，但是，当你突然遇到这样的机会时，希望你睁大眼睛，看清楚到底这是一份肥差还是一块鸡肋，不要盲目地争取。当遇到真正适合你的人生机遇时，也希望你果断地抓住它。抓住机遇其实很简单，当你的努力到了一定程度的时候，自然就有适合你的机会降临在你面前，在这之前，你只要具备足够的能力就好了。当然，在关键时刻展现出自己的能力，让他人看到你的才华，也是积极创造机遇的方式之一，但我希望年轻人不要忘记，你最重要的任务就是做好自己应该做的事。

其实很多事例都告诫人们要抓住机遇，但很多人忘记了在抓住机遇的同时要躲避诱惑和陷阱。很多年轻人在观察中，错过了适合自己的机会，如果一个人整天忙着捕抓机遇，往往会忘了自己的正事。所以，我希望年轻人不要逢弯就拐，要找到真正属于自己命运的拐点，再去作转弯的尝试。只有这样，才能让自己的事业走上一条上升的道路。

做好职业定位，别让工作把你定型

年轻人总是迷茫，总是希望找到一条可以迅速到达理想境界的道路，于是，他们给自己作人生规划、作职业定位；然而“欲速则不达”，他们常常会发现自己的职业定位限制了自己的思想和发展方向，使自己的人生进入了一个僵局。

这就像下棋，每个人都有自己的套路，有人喜欢第一步拱卒，有人喜欢首先飞象，然而，面对不同的对手，你一再使用同样的套路，也许就会输棋。

人生同样如此，形势时时刻刻都在变化，如果不能随时调整自己的前进方向和前进速度，那么你的人生方向就有可能与预计相比产生偏差。年轻人一定要有自己的职业定位，以确保拥有正确的前进方向，对于人生来说，最大的悲剧就在于没有方向感，茫然地前进，到了生命的终点，也不知道自己想达到一个什么目标。

不管你对自己的职业定位是否正确、是否明晰，你都应该有一个职业定位，因为这是你前进的动力；它让你对自己的人生有种尽在掌握之中的方向感；这决定了你此刻有着清晰的思路，无论对错；这可以帮你养成一个良好的习惯，即先计划再做事，在计划过程中一阶段、一阶段地完成任务，这可以带给你一种成就感，这种成就感会使你有一种成功的愉悦，促使你不断进步。所以，或者在既定的职业定位中感到吃力，或者发展到了尽头，或者你所从事的职业注定要被历史所淘汰，或者你发现有更好的机遇适合自己，每当这些时候，对自己的人生进行再规划都是必要的。随时对自己有清醒的认识，随时调整自己的前进方向，能够帮助你达到更高的人生境界。

传统观念常常要人们当螺丝钉，首先顾及团体的利益，总是忽略个人价值的实现。可是，缺了哪个人，地球都照样转。所以虽然职业、职位等都非常重要，但是，比起个人价值的实现来说，这些都不是最重要的。所以，要有合理的职业定位，但也不能被工作、职业定位定型。

职业定位不是静态的，而是动态的，如果个人的能力已经发生了重大变化，有了很大的发展进步，或者工作生活环境发生了重大变化，就需要重新定位自己。就像一个乞丐偶然中了500万元，难道还要继续乞讨度日吗？时时刻刻审视自己取得的进步，看看自己目前的定位是否还适合自己，是否需要一个更高远的目标，这些对于我们实现自我价值都是很重要的。

定位并不是确定一个固定的位置，而是确定一个或者多个目标，然后用最简捷的方式去接近这些目标。职业定位，定位的是接近路线，而不是你的人生，被工作束缚住，被自己的定位束缚住，不能自主，是职业定位的最大误区。这就好比你要去远方摘一个苹果，结果千里迢迢到了后发现树上结的是桃子，难道你要空手而返，而不是顺手摘一个桃子吗？

时刻以自我价值的实现去衡量那些所谓的职业定位，可以让你不被职业规划所误导，可以让你把握住更多的机会。成熟的人懂得去摘取人生遇到的那些果实，而不是一味盯紧想要的果子。这样，即使没有得到想要的，也不用后悔。

做不成发光的金子，也要成为会发芽的种子

年轻人总喜欢说“是金子在哪里都会发光”，可是也要承认，大多数的年轻人都不是他们口中的“金子”。金子生来就具有某种天赋，它难以切割，数量稀少，所以成为价值的代替品。大多数的年轻人并不是生下来就具有某种天赋，不过，大多数人通过自己的勤奋，都可以发挥出自身最大的

价值。这点倒像一些种子，只要有合适的土壤，它们就能够生根发芽，成长为有价值的东西。

一个人如果总抱着“是金子在哪里都会发光”的心态，就难免会骄傲自大，不屑于那些平凡的工作，总是抱怨没有伯乐来赏识自己这匹“千里马”，总是觉得自己怀才不遇，壮志难酬，渐渐地就会变得消沉。这时候，就算他真的是一块金子，也会蒙尘，也难以再被人发现和重视了。现在一部分年轻人往往心高气傲，总有一种优越感，而且越是学历高、学习成绩好的那部分年轻人往往越是骄傲。其实，不用说受过高等教育的人越来越多，就连海归的数量也逐年增加，因此，过去所受到的教育已经不能代表一切。

就业就像把一盘原本下到输赢已定的棋局一把搅散，重新开局，这个时候，决定胜负的并不是你原来取得的成绩，而是你以后付出的努力。

你家庭的社会地位、你原本的成绩，可能在就业的路上起到一定的作用，但它们的作用都是有限的，最终如何还是取决于你的努力。把自己当成一块等待发现的金子，等于把自己的命运交到了别人的手里，把自己的前途寄托于一双能够发现你的眼睛。秉持这样的心态，你觉得前途可靠吗？

我倒希望年轻人能够安下心来，把自己当成一粒未萌芽的种子，无论是饱满还是干瘪，只要有适合自己的土壤，就能长得枝繁叶茂。著名科学家、“杂交水稻之父”袁隆平有一句名言："人就像一粒种子，健康的种子，身体、精神、情感都要健康。我愿做一粒健康的种子！"金子有再多的光芒，价值终究有限，而健康的种子则代表了无限发展的可能。这个世界上不可能到处是金子，然而每个人都能通过自身的努力当好一颗能够生根发芽、能够为这个世界增添价值的种子。

金子的高明在于它的天赋，种子的高明在于它的潜力。金子之所以昂贵，完全是它的自身条件决定的。金子承担的是交换价值的角色，正因为它自然储量少、体积小、密度高、难分割，所以才能够担当价值交换的工具这一角色。这就像某些天才，因为天生拥有异于常人的禀赋，如对数字、语言，或者其他方面有非常高的敏感度，最终成为天才。这个世界上天才毕竟是少数，即使天才也需要付出勤奋努力，才能取得成就。

微软公司曾接待过这样一位面试者，他的学历并不高，心血来潮之下去微软应聘，人事部主管问了他几个有关软件方面的问题，这个应聘者对此一无所知，人事部主管摇了摇头。第二天，他又去应聘，回答了昨天的几个问题。这次，人事部主管同样又问了几个更深层级的问题，他又无法回答。不过，第三天他又来了，回答了这几个问题。如此反复几次，人事部主管觉得非常奇怪，问他为什么不现场回答问题，他说自己对这些并不熟悉，都是临时学习的。微软公司最后通过会议，决定录取这个应聘者，理由是“IT业是一个变化非常迅速的行业，需要非常强的学习力，而这个人的学习能力很强，他的潜力是无限的”。

对于年轻人来说，谁都无法确定自己是一个天才，可是，只要足够用心，你会发现自己的潜力是无限的。

种子心态比金子更重要。通用汽车公司的一位人力资源负责人曾经这样说：“我们在分析应征者能不能适合某项工作时，经常要关注他对目前工作的态度。如果他认为自己的工作很重要，对工作很认真负责，就会给我们留下很深的印象。即使他对目前的工作不满意也没有关系。为什么呢？因为如果他认为目前的工作很重要，那他对下一份工作也会抱着认真负责的态度。我们发现，一个人的工作态度跟他的工作效率有很密切的关系。”

如果一个年轻人对环境、薪金等不满意的工作都十分负责任，丝毫不会马虎，那么，对于各方面都满意的工作，他会更加用心。这就是种子心态，“无论环境好不好、土壤是否适宜，我都要发芽，都要更茁壮地成长，这就是我的价值所在”。如果年轻人都抱着这种态度做事，那么我相信你们很快就能被生命中的伯乐发现，实现自己的价值。

屡战屡败，也要屡败屡战

挫折对于每个年轻人来说，都是必经的挑战，在中年以前经历挫折，总比在中年以后摔跤要好得多，要知道，人的年龄越大就越不经摔。人们常常说“小孩子要摔一百个跤才能长大”，我们不妨把平日里自己遭到的打击当成人生必需的一种历程，遭一次挫折，吸取一次经验，挫折受够了，成功也就到来了。

能够为自己加油喝彩，无论是取得成就还是遭受挫折都会自我鼓励和自我安慰的人，是最乐观的人，这样的人能够最快地从逆境中爬起来，最快地吸收经验，最快地成长。成熟的人知道，必须自己爬起来，擦干眼泪，才能够更快地成长。

跌倒之后哭泣并不能改变什么，但能够宣泄自己的不良情绪，学会宣泄也是一种成熟。如果对于年轻人来说立刻站起来真的是强人所难，那么不妨哭一哭。每个人的人生都有低谷，遭到打击时任何人都不可能高兴，我们要做的是：

第一，把自己的情绪宣泄出去，无论是伤心、愤怒、失望，还是消沉，把这些讲给你最亲近的人听；或者找个隐秘的地方大哭一场，或是找个不介意自己脾气的人发泄一通。只有懂得合理发泄的人才不会真正受伤，因为发泄是一种自我保护。玻璃为什么容易碎？因为它总是自己承受力量。皮球为什么总是那么坚韧？因为它会把受到的力传给地面。

第二，当你觉得宣泄完了不良情绪、心中空空的时候，找点儿令自己高兴的事来做，或者冷静下来，思考一下自己到底犯了什么样的致命错误。人不会无缘无故受挫，只有在违背了规律的时候——无论是自然规律还是社会规律——你才会受挫，遭受打击。总结经验对一个人来说是必需的，因为，只有能从打击中获得经验的人，才能够不断进步，才有能力迎接更大的挑战，才会在以后的工作中少遭遇挫折。

第三，为自己加油鼓劲儿。一个人跌倒后能不能站起来，取决于他自己的愿望。所以，无论有多少人鼓励你，你都必须首先从内心深处鼓励自己，给自己加油打气，这样才能振作起来。阳光乐观的心态对于每一个年轻人都是至关重要的，把挫折当成一种必不可少的人生经历，才能够真正成熟起来。

无论遭受多少打击，一个人都必须再站起来才能实现自己的价值，不同的是，有的人站起来了，却因为害怕再次遭受打击而止步不前了；而有的人，虽然同样害怕痛苦、害怕打击，但是他们能够自我激励，他们相信自己是绝对不会被打倒，被打败、打碎的，就算跌倒了，他们也会迅速爬起来，最终走向卓越。

曾经听过一个故事：一个农民，只读了两年初中，17岁就辍学回家照顾家人。20世纪80年代农田承包到户，他想把一块水洼地挖成池塘养鱼，但村干部告诉他水田不能养鱼只能种庄稼，他只好又把水塘填平。在别人眼里，这成了一个想发财但是非常愚蠢的笑话。后来听说养鸡能赚钱，他借了500块钱养起了鸡，但一场洪水后，鸡得了瘟疫，几天内全死光了，当时的500元就像个天文数字，他的母亲竟然受不了这个刺激忧郁而死。他后来酿过酒，捕过鱼，但没有一样成功。35岁的时候，他还想再搏一搏，就四处借钱买一辆手扶拖拉机。不料，上路不到半个月，这辆拖拉机就载着他冲入一条河里。他断了一条腿，成了瘸子。而那拖拉机，被人捞起来时，已经支离破碎，他只能拆开它，当做废铁卖掉。

几乎所有人都说他这辈子算完了，可是后来他成了那个城市一家公司的老总，手中有两亿元的资产。很多媒体采访过他，很多记者带着不解问他：“在苦难的日子里，你凭什么一次又一次毫不退缩？”

他坐在宽大豪华的老板台后面，喝完了手里的一杯水。然后，他把玻璃杯子握在手里，反问记者：“如果我松手，这只杯子会怎样？”

记者说：“摔在地上，碎了。”

“那我们试试看。”他说。

他手一松，杯子掉到地上发出清脆的声音，但并没有破碎，而是完好无损。他说：“即使有十个人在场，他们也都会认为这只杯子必碎无疑。但是，这只杯子不是普通的玻璃杯，它是用玻璃钢制作的。”

这样一个手握玻璃钢杯的男人，是不会被任何打击粉碎掉的。现在的年轻人有着比他更好的条件，是否应该比他有更坚强的意志，有更乐观的精神？我们不可能被击败，打败我们的只能是我们自己。无论何时，用阳光的心态来自我激励、自我安慰吧，乐观和成功的信念将会驱散生活中一切阴霾。

第08章

勇敢一点，敢于走泥泞的道路

我们当然希望自己的人生一帆风顺，殊不知，一帆风顺只是如海市蜃楼般的美好愿景。这个世界上根本没有一帆风顺的人生，不管你的出生是高贵还是贫寒，命运都无一例外地会让你尝到人生的百般滋味。所以，不管什么时候，都不要乞求一帆风顺，而要扬起斗志，昂首向前。记住，你的命运把握在你自己手中，一切都取决于你的努力，而不是取决于美好的愿望。

“万事如意”不过是对美好愿望的表达

也许是因为活着太艰难了，人们在与生活中的种种困难作斗争的过程中创造了很多美好的词汇，诸如“心想事成”“万事如意”等。每到那些美好的日子，我们就毫不吝啬地向别人送出诸如此类的祝福，当然，我们也时刻希望自己的人生也能够“万事如意”。殊不知，不管是对于别人还是对于我们自己而言，这种美好的祝福都只能是空洞的、甚至永远不可能实现的。因为，这个世界上根本就没有“万事如意”。假如真的存在万事如意，我们的人生就不会有那么多遗憾和悔恨；假如真的有万事如意，那么每个人都不用奋力打拼，天上就会掉下来大馅饼；假如真的有万事如意，那么人世间将不会再有泪水，而只有欢笑；假如真有万事如意，生活又怎么会如此艰辛？现实是，生活中充满了太多的不如意，所以古人才会说，“人生不如意十之八九”。既然如此，我们该如何面对这万般不如意的生活呢？

其实，生活就是由一个个不如意组成的，正是因为担心人们受不了生活的苦，命运才会偶尔让人们顺心如意，让人们在苦涩之中感受到生活原来也是有蜜糖的。既然如此，我们就应该不以苦为苦，而要将其当作生活的常态。只有这样，我们才能从苦乐参半的生活中体味到更美好的滋味。既然这个世界上没有万事如意，我们就不要再去奢求，而要调整自己的心态，坦然面对这一切的坎坷与挫折，坦然享受努力奋斗之后的胜利果实。生活原本艰难，我们何苦再为难自己呢？假如我们一直想着生活就应该是万事如意的，我们就会无法接受那些生活中接踵而至的磨难，甚至因此萎靡不振。只有把不如意当成常态，我们才能以良好的心态待人接物，才能乐观地面对生活。

近来，李刚的生活简直糟透了。刚刚新婚的他，妻子就因为一场车祸而不得不躺在床上休养三个月。恰逢此时，李刚的妈妈因为脑出血也住进了医院。在工作上，李刚也有一大堆事情需要处理，还要时不时地出差。看着躺在病床上的妻子和母亲，李刚简直无计可施。起初，他很痛苦，想不明白命运为什么要这样捉弄他。后来，随着时间的流逝，他渐渐习惯了医院、家里和单位三头忙活的生活，反倒习以为常了。为了更好地照顾妻子，他雇了一个保姆，每日负责妻子的一日三餐和饮食起居，顺便还能做好饭菜让李刚拿到医院给母亲吃。而妻子呢，随着逐渐康复，渐渐地可以拄着拐杖行走了，有的时候，还会在保姆的陪同下去医院陪母亲聊聊天。至于工作方面，李刚和老总说明了自己家中的情况，老总把原本由李刚负责的项目交给了另外一名同事，让李刚从事一些时间要求上不那么紧迫的工作。就这样，三个月过去了，李刚不再抱怨，而是坦然面对这一切。渐渐地，他的妻子恢复了健康，还怀上了宝宝。而他的母亲，因为救治及时，虽然落下了后遗症，不过生活也能够自理。看着生活恢复如常，李刚感慨地说：“哪有什么万事如意，只不过是人们想出来自欺欺人的而已。只有面对，只有坦然接受，只有随遇而安，才能在生活的起起伏伏中安然渡过人生的危机。”

在上述事例中，假如李刚一味地怨天尤人，抱怨命运的不公，那么，他的情绪只会越来越糟糕，别说是照顾妻子和母亲了，只怕连自己心里的坎儿都过不了。幸运的是，李刚的心态还是比较好的，面对着使自己束手无策的局面，在抱怨过后就马上开始采取积极的应对措施，最终成功地在保姆的帮助下渡过了生活的危机。

生活就是这样，一个意外接连着另一个意外，不管你的愿望多么美好，现实终究是残酷的。当发生使我们手足无措的状况时，我们唯一能做的就是尽快调整好自己，坦然面对和应对这一切。只有这样，我们才能转危为安。

没有风雨，就不会有彩虹

大海是一个无穷的宝库，因此，在海边生活的大多数人靠海吃海，在大海中捕鱼，也利用天然的海水养殖鱼虾，还有人靠给游客驾船出海为生。可以说，大海是他们的“衣食父母”。然而，终日和大海打交道，每天都要驾船出海，除了平静的大海之外，几乎每一个赶海人都曾经见识过大海可怕的一面。愤怒的大海简直要吞噬一切，它怒吼着，撕扯着一切在它怀抱中的东西。一个从未见过这种情形的人无疑会心惊胆战；然而，对于一个终日与大海打交道的渔民而言，暴躁的大海也依然是可亲的。这就像是生活。每个人都在生活的怀抱中摸爬滚打，有的时候，我们运气很好，总是能够顺心如意地得到生活的馈赠。然而，有的时候，命运会和我们开玩笑，就像每一个赶海人都曾经历过风暴一样，每一个活着的人都要经历命运的严峻考验。这个时候怎么办呢？难道赶海人见识过大海的暴躁之后就再也不和大海打交道了吗？当然不可能。所以，无论生活怎样捉弄我们，只要还活着，我们就必须面对这一切。

无论出身高贵还是卑贱，每个人的人生都不可能是一帆风顺的。面对生活的暴风雨，假如我们退缩了，我们就无法面对未来的生活。因此，我们唯一能做的就是勇敢面对。正如一个赶海人在大海上遇到了风暴一样，此时此刻，怨天尤人有什么用？后悔莫及有什么用？他唯一能做的就是积极地求生，永不放弃。

在海明威的《老人与海》中，讲述了这样一个故事：

整整八十四天了，古巴老渔夫圣地亚哥一直出海，却始终毫无收获。对此，很多渔夫都嘲笑圣地亚哥，说他是个不折不扣的失败者，然而，圣地亚哥自己并不这么认为。在别人的嘲笑与质疑之中，他再次一个人出海捕鱼。最终，他发现鱼儿上钩了，然而，这是一条巨大的大马林鱼，甚至比老人的船还要长两英尺。尽管老人已经年纪很大了，并且捕了一辈子的鱼，但是他从来没有见过这么大的大马林鱼，甚至连听都没听说过。这条大马林鱼的力气很大，圣地亚哥根本不是它的对手。然而，面对着自己的猎物，圣地亚哥没有想过放弃。就这样，他和小船被鱼拖着漂流了整整两天两夜。在这两天两夜之中，老人经历了前所未有的考验。有好几次，大鱼差点儿把小船拖翻拖垮，即使如此，老人也没有放弃。他不顾一切地与大鱼搏斗，最终把大鱼刺死了。老人把大马林鱼拴在船边，准备起航回家。出人意料的是，在回家的路上，大马林鱼的血腥味招来了鲨鱼，它们疯狂地扑向这个硕大的食物，尽管老人拼尽全力地与鲨鱼殊死搏斗，然而，还是没能阻止一群群前来“挑衅”的鲨鱼吃掉了他的猎物。最终，老人把只剩下一副光秃秃的骨头架子的大马林鱼带回了家。

在《老人与海》这部书中，很多人都喜欢一句话，“一个人并不是生来就要被打败的。人尽可以被毁灭，但不能被打败。”这是小说中圣地亚哥老人所说的话，揭示了深刻的人生哲理。老人有不屈服的精神，面对着变幻莫测的大海，面对着比自己的小船还要长两英尺的大马林鱼，面对着成群而至的闻到了血腥味的鲨鱼，他始终没有想过放弃。这就像是人生，除了本身的变幻莫测之外，还总是有一个个意外和不幸不期而至。而对于老人而言，尽管他在几天几夜的搏杀之后只带回了大马林鱼的骨架，他也依然是人生的胜利者。对于我们而言，也是如此。在面对人生的过程中，我们所追求的未必是结果，而应是永不屈服的过程。只要尽心尽力，即使失败了，又如何呢？其实，对于成功和失败，每个人都有自己的评价标准。也许在悲观者眼中圣地亚哥老人是失败了，而在乐观者眼中，圣地亚哥老人却是永远的强者。这正像音乐大师贝多芬所说的：“我可以被摧毁，但我不能被征服。”

我们不是渔夫，但我们是在生活的大海上弄潮的赶海人。只要活着，我们就必须面对生活的风风雨雨，无处可逃。既然怯懦解决不了任何问题，为什么我们不像圣地亚哥老人一样成为一个不屈不挠的硬汉呢！记住，每一个赶海人都曾经历风暴，每一个活着的人都曾经历生活的风风雨雨。强者永远不会抱怨和放弃，而只是一味地坚持，永不言败。

踩着失败的阶梯，踏上成功的顶峰

“失败是成功之母”，这句话我们早在小学时代就已经耳熟能详了。然而，知道是一回事，能不能真正做到则是另外一回事。尽管很多人都知道这个道理，但是，在生活、学习和工作中，当学习成绩不尽如人意的时候，当工作中遭遇瓶颈无法突破的时候，当生活遇到挫折的时候，你是否能够在沮丧之余鼓起勇气重新开始呢？你是否知道失败并不可怕，重要的是从失败中吸取经验和教训重新开始呢？为此，我们很有必要认真地琢磨，琢磨这句话，将其贯彻于实际。

前文我们说过，这个世界上没有“万事如意”，与此相反，失败和不如意倒是人生的常客。若是人人都能顺心如意，想到什么就能实现什么，那么这个世界上人人都是成功者了。纵观历史长河，人类历史上出现了无数值得我们尊敬和钦佩的成功者。那么，他们为什么能够取得成功呢？又为什么大多数人都与成功无缘呢？其实，所谓的成功者，未必比失败者更加聪明、能力更强，而是他们对待失败的态度更正确、更理智。大多数失败者之所以一直失败，是因为他们一旦失败了就自我放弃，甚至自甘堕落。相比较之下，那些伟人之所以能够出类拔萃、名留青史，就是因为他们能够客观冷静地对待失败，从失败中总结经验和教训，然后以失败为进步的阶梯向着成功迈进。要知道，在现实生活中，成功并不是失败的简单积累，而是对失败的认真总结与不断超越。如果你不能清楚地认识到这一点，就会产生一个错觉，即认为“失败越多越有可能成功”。没有反思和总结，没有不断的超越，失败只能是毫无意义的。

在数学领域，自从著名的平行公理问世以来，无数人们质疑它，更有很多数学家致力于求证它，但最终都以失败而告终。为了证明平行公理，数学家波里埃把自己毕生的心血和精力都投入其中，最终在绝望中离开了人世。正当无数人被平行公理的验证折磨得不堪忍受的时候，罗巴切夫斯基在七年的求证过程中寻找到了失败的原因，最终认识到了问题的本质，从而获得了成功。从罗巴切夫斯基获得成功的经验中我们不难发现，假如仅仅把“失败是成功之母”作为一个口号，那么失败的人就永远也无法获得成功。而只有经过不断的探索和科学的分析，从失败中总结经验、吸取教训，才能使失败转化为成功的阶梯。

除此之外，对待失败的心态也很重要。假如失败之后一蹶不振，那么无论如何也无法与成功结缘。只有积极地面对失败，把失败当成走向成功的一次契机，才能从摔倒的地方站起来，重整旗鼓，东山再起。“西楚霸王”项羽是个威震天下的大英雄，原本，他的人生会更加辉煌，但是，他因为在垓下之战中遭遇惨败，自觉无颜面对江东父老，于是在乌江边自刎了。如今想来，当时刘邦只是以多欺少，而项羽根本没有必要发出“无颜再见江东父老”的感慨。当时，假如他能听他人的劝告，返回江东重整军马，也许能够“卷土重来未可知”。所以，我们应该端正自己的心态，正确地面对失败与成功。

爱迪生是伟大的发明家，因为家境贫困，他只读了三个月的书就离开了学校。不过，凭借着对发明的热爱和不懈探索，他一生之中正式登记的发明竟然多达1328种，因此他被人们称为“发明大王”。我们生活中离不开的电灯就是爱迪生发明的。

爱迪生在发明电灯时，为了找到合适的材料做灯丝，爱迪生和助手们先是用白金试了很多次，却发现白金因为熔点较高总是不时地自动熄掉再自动发光。后来，爱迪生又试着用钡、钛等稀有金属作为灯丝，依然不理想。一个偶然的机会，爱迪生想到棉纱的纤维比木材的好，也许可以用来做灯丝。因此，他马上从围巾上扯下一根棉纱进行实验。就这样，爱迪生和助手们反复实验，尝试了一千多种材料，最终才选择了钨丝。看着自己研制出来的电灯，爱迪生非常满意。对于一生之中的无数发明，爱迪生说：“天才是百分之一的灵感，加上百分之九十九的汗水。”

的确如此，假如爱迪生在研究灯丝的过程中半途而废，那么人类也许就要晚一些才能迎来充满光明的世界。正是因为爱迪生带领助手不停地试验、不断地探索，才得以成功。

可以说，世界上每一项发明都凝聚着发明家的心血，没有任何一项发明是从天而降、唾手可得的。

不仅发明如此，做任何事情都是如此。即使面对一件再小的事情，轻易放弃的人也是无法取得成功的，只有锲而不舍的人，才能距离成功越来越近。“失败是成功之母”，我们除了要牢牢记住这句话之外，更要正确地对待失败，理智地从失败中汲取经验和教训，最终踩着失败的阶梯迈向成功之巅。

人生需要奋斗，更需要歇歇脚

我们常常说人生是短暂的。的确，人生很短促，只有几十年的时间，与我们要做的事情比起来，时间简直太珍贵了。然而，人生也是漫长的，对于那些无所事事的人而言，似乎每一天都漫长得没有尽头。因此，为了充实人生，我们要不断地对自己提出更高的要求和准则，让自己每一天都过得有意义；为了使自己有限的人生大放异彩，我们甚至恨不得把一天当作两天用；为此，我们给自己设定了很多的目标，让自己马不停蹄地向着设定的目标奋进。然而，人不是机器，即使是机器，也需要停下来休息，也需要维修和保养，更何况是血肉之躯的人呢？当我们习惯了朝九晚五的生活，当我们每一天都融汇在川流不息的人群中、在这个城市的地上地下奔波，当我们已经很久没有看到朝阳和落日，我们有必要扪心自问：生活，是为了什么？我们似乎只能接受成功、接受忙碌，而无法接受失败、接受清闲。我们急急匆匆地奔向人生的目的地，全然忘记了人生最重要的不是终点，而是过程。所以，让我们坦然面对失败吧！因为人生并不只是一路绿灯，偶尔也会有红灯。当遭遇红灯的时候，我们有必要沮丧吗？与其诅咒这可恶的红灯，不如趁着红灯的时候静下心来想一想自己的生活，甚至和身边的爱人相视一笑，和孩子说个短短的笑话——这不也很好吗？一味地往前奔跑，那是百米赛跑，走走停停，才是人生。

自从结婚生子之后，大海像是上紧了发条的闹钟，一刻也不得闲。每个月，除了要还房贷、车贷之外，还要养育孩子，这使大海成了不折不扣的“房奴”“车奴”“孩奴”。看着每天都加班到深夜的大海，妻子很心疼，几次说：“大海，休息休息吧！工作是永远也做不完的，钱也是挣不完的。”大海却说：“趁着年轻，多挣点儿钱，这样，以后咱们的生活会好一些。”对此，妻子很心疼，却没再说什么。

有一次，因为连续几天加班，大海在处理公司的标书时写错了一个小数点。这给公司带来了巨大的损失，使公司与这次难得的机会擦肩而过。为此，领导非常生气，让大海回家反思几天。看着郁郁寡欢地回到家中的大海，得知事情原委之后，妻子并没有责备大海，反而像逢年过节一样兴高采烈。大海不理解妻子的表现，妻子说："平时，你总是舍不得休息，这下好了，终于可以踏踏实实休息几天了。"在妻子的劝导下，大海放下了工作上的烦恼，每天早晨和妻子一起送女儿去幼儿园，然后去市场买菜。回家之后，他们一个择菜洗菜，一个掌勺，做出了一桌丰盛的佳肴。在妻子的建议下，他们还补了蜜月，去了趟妻子心仪已久却始终没有时间去的青岛。在青岛，看着真正的辽阔无边的大海，大海觉得心胸顿时开阔起来。和妻子、女儿朝夕相处的这段时间里，他才意识到妻子一个人负责照顾女儿和家庭其实是很累的，但能够亲眼看着女儿的成长又是一件多么快乐的事情。

入夜，在海风的吹拂下，他们一家三口行走在青岛的大街小巷。妻子感叹道："要是每天都能这样多好啊！"这时，大海意识到，"妻子也许不需要大房子、好车子，而只需要健健康康、快快乐乐的我的陪伴！"回家之后，大海向公司递交了辞呈，他想找一份不需要天天加班的工作，能够有更多的时间陪伴妻子、看着女儿成长。他知道，和房子、车子等比起来，这才是最重要的！

现代社会，有多少人过着像大海一样的生活。他们已经习惯了忙碌，习惯了披着星星出门，顶着月亮回家。他们尽管和家人同在一个屋檐下，却很少有交流，因为他们所有的心力都被工作耗尽了。大海很幸运地犯了一个错误，所以才有时间闲下来享受生活的美好。如果不是领导让他回家反思，也许他还要很久才能意识到这一点。有的时候，挫折就像是人生的红灯，我们不要因为等红灯而焦虑，它恰恰可以让我们有些许的空闲休息休息，反思自己的生活。

生活并不是只有目的的赛跑，而是一次精彩的旅行，重要的在于观赏沿途的美景，而不是不顾一切地往前冲。否则，你就会发现自己无意间错过了生活中最美好的景致。走走停停才是人生，假如你一直很忙，那就从现在开始，赶紧停下来歇一歇吧！

弯路，是我们成长必经的练习场

随着年岁一天天增长，我们的经验和阅历也越来越丰富。这时，我们也许会突然意识到，原来父母曾经对我们的叮咛是那么可贵。遗憾的是，当初年少无知的我们没有把这份爱的叮咛放在心上，而是将其作为百无一用的唠叨置之脑后。直到自己走到了父母的年纪，我们才明白父母的良苦用心；直到我们真正成了父母，才发现孩子正在犯着和当初的我们同样的错误：把父母满怀好意的经验之谈当成毫无用处的唠叨置之脑后。一代又一代，就这么走着弯路。其实，这是人生必然的经历。很多事情，如果不涉及原则性问题，我们应该适当给予自己一定的空间。人们常常用“不撞南墙不回头”来形容那些不接受别人善意的意见的人。实际上，这个问题在很多人身上都有。对于那些并不会酿成严重后果的事情，我们不妨少说一些。有的时候，切身的经验和体会比别人的任何说教都管用。因此，有些弯路是必须走的，我们无须恐惧，只需要坦然面对即可。

美国教育学家杜威创立了“从做中学”的教育理念，目的在于提倡父母、教师们不要一味地教授孩子现成的知识，而应引导孩子们去体验。有些错误，即使父母师长警告了一百遍，孩子依然会存在好奇心去尝试；而假如让孩子亲身体验一次，也许他就再也不会犯同样的错误了。其实，“从做中学”的教育理念不仅适用于孩子的教育问题，也同样适用于成人社会。很多时候，我们为自己没有听取其他人的劝告犯下错误而追悔莫及，却不知道，自己从实践中摸索出来的经验更为可贵。人生没有捷径，很多事情，不去尝试，你就不知道结果如何。因此，人生的很多弯路是必须走的。就像爬山，在山脚下的时候，我们多么希望有一道电梯直达山顶，然而，我们满眼望去都是荆棘，这使我们必须在摸索中流血前进。直到抵达山顶，从山顶走下来，我们才发现原来真的是有捷径的，只不过，这个捷径是我们自己踏出来的。不要因为那些曾经的失败和痛苦而懊丧，要知道，你之所以能够成长为今天的你，就是因为那些曾经的经历。每个人的成长都不是一蹴而就的，我们之所以能够拥有今天，是因为我们曾经因走弯路磨破了脚掌，因走错了路撞得头破血流，只有哭过，才知道笑的幸福。

唐楠进入公司后，成了天不怕，地不怕的初生牛犊。当然，他之所以如此有胆识、有气魄，是因为他的爸爸是这家公司的董事长。对于他，父亲没有提出过高的要求，只是让他像一名普通员工一样就可以了。因此，他卸下了心里所有的负担，每天朝九晚五，和大多数同事一样从事着最普通的工作。

后来，唐楠凭借自己的努力进入了公司的销售部门，并且在几年打拼之后成为销售部主任。一次偶然的机会，他得知公司在甘肃没有设立分销点，因此主动请缨，要求去甘肃拓展市场。尽管他的顶头上司并不表示赞同，他还是作出了大量的努力，并且直接越级请示了爸爸。出乎他的意料，爸爸同意了。就这样，踌躇满志的他带着一班人马赶赴甘肃，想在那里大展身手。可是，一个月过去了，两个月过去了……半年过去了，他们的工作毫无起色。他不得不回到公司述职，总结自己失败的经验和教训。此时此刻，他当然已经知道了顶头上司说的反对理由都是存在的，而且很现实，因此他深刻地反省了自己，表示自己的决策失误给公司带来了很大的损失。对此，爸爸只是淡淡地说：“我早就知道这个结果，因为你犯的错误公司的前辈也曾经犯过。”他很惊愕，问爸爸："那您为什么不拦着我呢？"爸爸笑着说："我为什么要拦着你？我拦着你，你会听吗？现在这样不是挺好，你以自己的切身经历给自己上了一课，这比别人说什么都强。"

果然，经历了这次挫折之后，在以后的职业生涯中，唐楠迅速地成长和成熟起来，理所当然地成为爸爸的接班人。

假如当时唐楠的爸爸拦着他，他会改变主意吗？即使改变了主意，也是心不甘、情不愿的；如果不改变主意，结果将依然如此。案例中唐楠的爸爸很聪明，他没有阻拦自己的儿子，而是让他自己去走弯路，去成长和成熟。

人生之中，有些弯路是不必走的，比如，对于前人留下来的经过验证的科学知识等，我们只需要理解、消化和应用就可以了。然而，有些弯路是必须走的，如人生的经验和阅历等，只有亲自去实践，我们的人生才会更加丰富。

成功的人生，需要战胜一个又一个困难

说到困难，我们会想起很多词语，诸如"迎难而上""知难而退"等。毫无疑问，迎难而上是人们更为提倡的一种对待困难的态度，因为，只有迎难而上，我们才有可能战胜困难。相比之下，知难而退则显得不那么受推崇了。

大多数失败者之所以失败，就是因为没有战胜困难的勇气，一遇到困难就畏缩。不过，迎难而上往往需要人们拥有莫大的勇气，怀揣着高尚的理想和志气，抱着和困难同归于尽的决心。那么，有没有更好的对待困难的态度呢？生活中，我们总是把困难当成一种阻碍，似乎困难与成功总是背道而驰的，是成功的大敌。因此，只要一提到困难，我们就大义凛然，弄得自己就像是要英勇就义的战士。假如换一个角度看待困难，我们也许会有惊喜的发现。例如，我们无须硬着头皮迎着困难往上冲，我们也可以把困难踩在脚下，让它成为我们走向成功的阶梯。对，就是这样，把困难踩在脚下。

古人云："宝剑锋从磨砺出，梅花香自苦寒来。"还有一首歌唱道："不经历风雨，怎能见彩虹。"天上从来不会掉馅饼，机会只青睐那些有准备的人，既然如此，我们还能抱怨什么呢？不管做什么事情，我们无一例外地都会遇到困难，要想战胜困难，重要的不是我们遇到的是怎样的困难，而是我们采取怎样的态度面对困难；把困难踩在脚下，使其成为我们不断进步的阶梯，这才是聪明人的做法。把困难踩在脚下，你才能站得更高、看得更远。生命就像是化蛹成蝶的茧，只有经历一次次蜕变，才能增加生命的厚度，最终完成华丽的转身。假如人生没有困难，未免显得过于寡淡。正是在一次次的挑战与超越之中，我们的能力不断得到提高，我们的心智越来越成熟，我们的人生越来越开阔、丰满。所以，让我们拥抱困难吧，只有这样，我们才能拥有精彩的人生旅程!

有一天，一个农夫牵着一头驴子去赶集。在回家的路上，驴子不小心掉进了路边干草遮盖的枯井里。农夫赶紧想办法救驴子，然而，他尝试了很多办法，都没有用。眼看着天就要黑了，驴子依然在井里痛苦地哀嚎着，农夫则急得团团乱转。最终，农夫决定放弃这头驴子，毕竟这头驴子的年纪已经很大了，也干不动农活了。为了避免其他人也掉进枯井之中，农夫决定把枯井填上。因此，农夫赶紧回家找来邻居，大家一起拿着挖土的工具，开始往井里填土。

驴子似乎意识到了主人的真实意图，因此，它开始绝望地哀嚎。农夫很伤心，但是依然往枯井里填土。出人意料的是，不久之后，这头驴子不再嚎叫了，变得安安静静。农夫以为驴子死了，就探头往井里看。见到井里的情景，农夫不由得大吃一惊：只见每当有土落到驴子身上的时候，它就机灵地将其抖落下来，然后再站到泥土上面。就这样，驴子把所有的泥土都抖落到脚底下，也离井口越来越近了。最终，它精神抖擞地踩着泥土到达了井口，并且在众人难以置信的目光中欢快地跑开了。

面对生存的绝境，驴子并没有放弃自己求生的欲望。哀嚎之后，它灵机一动，把掉落在自己身上的泥土全抖落下去，并且最终踩着这些泥土到达了井口。其实，我们在生活中所遇到的那些困难也是生活强加给我们的“泥土”，这个时候，怨天尤人没有用，哭天抹泪也没有用，我们唯一能做的是换一个角度看待困难，将其转化成我们前进的垫脚石。不管我们遭遇了多少困难，只要我们像那头驴子一样锲而不舍地抖落它们，然后再把它们踩在脚下，我们就能够安然地渡过困境。

面对困难，最重要的就是临危不惧，坚定不移，永不放弃。只要我们调整好自己的心态，以沉着、冷静的态度处理困难，我们就能够从困难中发现有利于我们的一面，从而真正地解决问题。总而言之，一切都取决于我们自己。人生的路很漫长，要想拥有精彩的人生，我们就要作好面对困难的准备，坚决地把困难踩在我们的脚下。

第09章

人生起伏，绝不让低谷成为人生的主旋律

“快乐可以吸引更多快乐，而悲观常带来更多悲观。”如果人接受了不良心态，斤斤计较、恐惧挫折感等就会时常在脑子里出现。当你面对难题时，如果坚信能够拨云见日，并能乐观以待，事情最后终将如你所愿，因为好运总是青睐具有积极思想的人。因此，追求幸福的人，首先要跟不良的心态作战，为自己的心灵留下更多美好的风景。

心态消极，哪能看到幸福的明天

很多人有着平淡的生活和还算稳定的工作，却总是感觉生活缺乏生气，日子过得无聊至极。他们不曾发觉，原来自己也是很幸福的，只是因为自己长期沉浸在消极状态中，所以忧愁烦闷、失落悲观，沉浸在过去的往事与对未来生活的迷茫中，浮躁的心无法平静。

每个人内心深处都会给消极心态留一片空间，虽然很不情愿，但消极心态总是时不时地光临。特别是当受到挫折、感到畏惧时，这种心态表现尤甚。消极心态能够摧毁人的信心，使希望泯灭。消极心态就像一剂慢性毒药，使人的意志慢慢地消沉，直至失去战胜困难的勇气，如果遇到困难总是往最坏的方面考虑，幸福也就与他背道而驰。消极心态是开发潜能和创造力的大敌，它具体表现为愤世嫉俗、没有目标、缺乏动力、心存侥幸、缺乏恒心、不懂自律、懒散不振、自卑懦弱、清高傲慢等。

一个被“消极心态”困扰的人，纵然嘴中可能时常在念叨“成功”“幸福”“好运”，但这一切都会因为他心中充满着恐惧、畏怯、消极、怠慢等心理而变得虚无缥缈。

许多年前，美国南方各州居民都是用烧木柴的壁炉来取暖。有一个樵夫，他给一家人供应木柴达两年多之久。这位樵夫知道木柴的直径不能大于18厘米，否则就不适合那家人特殊的壁炉尺寸。

但由于他工作疏忽，这次送过去的木柴都有些尺寸过大的。主顾发现这个问题后，就打电话给他，要他调换或者劈开这些过大的木柴。

“我不能这样做，”这个樵夫说，“这样花费的工价会比全部柴价还要高。”说完，他就把电话给挂了。

这个主顾没有和樵夫反复争执，而是在饭后亲自来做劈柴的工作。在这项工作进行了大概一半时，他注意到一根非常特别的木头，这根木头有一个很大的节疤，节疤明显地被人凿开又堵住了。这是什么人干的呢？他掂了掂这根木头，觉得它很轻，仿佛是空的。他用斧头劈开它后，一个发黑的白铁卷掉了出来。他蹲下去，拾起这个白铁卷，把它打开，吃惊地发现里面包着一些很旧的50美元和100美元两种面额的钞票，他数了数恰好有2250美元。很明显，这些钞票在这里已有很多年了。这个人唯一的想法是使这些钱回到它真正的主人那里，于是他又拿起电话打给那个樵夫，问他从哪里砍了这些木头。这位樵夫消极地以为主顾想探听木柴的来源，为了维护自己的利益，他没有告诉主顾任何信息。

结果，心态较为积极的主顾就这样毫不费力地收获了一笔金钱。而那个心胸狭窄、心态消极的樵夫则继续辛苦地劳作，再也没有遇到类似的“不劳而获”的事情。

在这个故事中，具有积极心态的人发现了钱，而有消极心态的人则与钱擦肩而过。好运在每一个人的生活中都是存在的，然而，以消极的心态对待生活的人会阻止好运造福于他。人通常都希望自己好运，最直接的就是发一笔横财，改善生活质量；但如果没有积极的心态，好运怎么会走到你面前？

哲人说，在人一生的航程中，消极心态者一路上都在晕船，无论目前境况如何，他们对将来总是感到失望、恶心，那么还谈何快乐、好运和幸福？更谈不上充分享受人生旅程中美好的风光。

莉莉在一家夜总会里工作，收入不多，然而，她总是过着非常快乐的生活。

莉莉很爱车，但是，凭她的收入想买车是不可能的事情。与朋友们在一起的时候，她总是说：“要是有一辆车该多好啊！”眼中尽是无限向往之情。

后来有人说：“你去买彩票吧，中了大奖就可以买车了！”

于是莉莉买了两块钱的彩票，可能是上天过于垂青她了，朋友们几乎不敢相信，莉莉就凭着两块钱的一张彩票，真的中了大奖。

莉莉终于实现了自己的愿望，她买了一辆车，整天开着车兜风，夜总会也去得少了，许多人看见她吹着口哨在林荫道上行驶，车子擦得一尘不染。有一次莉莉把车泊在楼下，半小时后下楼时，发现车被盗了。

刚开始，莉莉有些遗憾，但更多的是气愤，她恨透了那个偷车贼，不断地咒骂他，但心里仍很不舒服。过了一整晚，她的情绪仍然暴躁，但天亮时，她又思考了很久，突然变得很开心了。

清晨时分，几个得到消息朋友，想到她那么爱车如命，这么多钱买的车眨眼工夫就没了，都担心她受不了，就相约来安慰她。

莉莉正准备出门，朋友们说："莉莉，车丢了你千万不要悲伤啊！"

莉莉却大笑起来："嘿，我为什么要悲伤啊？"

朋友们互相疑惑地望着。

"如果你们谁不小心丢了两块钱，会悲伤吗？"莉莉说。

"那当然不会！"有人说。

"是啊，我丢的就是两块钱啊！"莉莉笑道。

是的，不要为两块钱而悲伤。莉莉之所以过得快乐，就是因为她没有在抱怨、悔恨等消极心态的影响下生活，而是很快调整好心态，看淡了丢车这件事。

从莉莉的故事中我们看到，生活中经常会有大的变故出现，而自己的心态多数也会在变化中不自然地趋于消极状态。只有懂得调整心态，才有可能开启幸福生活的新篇章。

有心理学家总结了调整消极心态的两种方法，对诸位朋友有很好的启发意义：

●微笑法。不顺心的事在人的生活中经常遇到，这时，你不妨想想开心的事情，看个笑话、读个故事，在微微一笑间，敞开你的胸怀，让笑化解种种不快和矛盾，把消极心态消灭在萌芽状态。

●提醒法。有的人情绪化较严重，脾气太坏，心态也容易受到影响，情绪不断波动。最好的办法是找一位信得过的人，在控制不住感情、心态消极的时候，让他给你提个醒：请不要消极思考。

悲观一时可以，但别悲观一世

人的心态错综复杂，很多人的心态呈现两极化：或者悲观至极，认为事事都与自己作对，自己再怎么努力也不可能有好的转变；或者整日乐天派，觉得生活一片欣欣向荣，好运会接二连三地关顾自己。人都希望自己是个乐观的人，每天能开怀大笑，并感染身边的人，给他们带去一份好心情，然而，很多事情总是不尽如人意，能否让自己拥有好心情，更多的是看你怎样看待发生的事情。

世界上最伟大的发明家爱迪生面对烧毁的实验室，并没有伤心和悲观，而是和同事说："不要紧的，大火烧掉了房子，把我们的错误也烧掉了。"他在困境中看到的更多是希望。

记得富兰克林曾说："世界上有两种人，他们的健康、财富，以及生活上的各种享受大致相同，但是，一种人是幸福的，另一种人却得不到幸福。"为什么会如此不同呢？他说："他们对物、对人和对事的观点不同，那些观点对于他们心灵上的影响因此也不同，苦乐的分界线主要也就在此。"那么这两种人平时所关注的是什么呢？他又说："乐观的人所注意的只是顺利的际遇、说话之中有趣的部分、精致的佳肴、美味的好酒、晴朗的天空等，同时尽情享乐。而悲观的人恰恰与他们相反。"

哲人说，世间美好的东西尽为乐观者所有，造物者派给他们的使命就是要他们尽情地占有和享用美好。而悲观的人，一生都在失去，失去快乐、希望、前程和美好的人生。

乐观和悲观是人生的两种态度，拥有乐观心态的人，看任何事情都能看到事物的长处，看到对自己有利的一面，从而看到希望；悲观的人看问题总是盯着事情不好的一面，越看越烦，越看越消极沮丧。

从前，有一个国王，他想从两个儿子中选择一个做王位继承人，就给了他们每人一枚金币，让他们骑马到远处的一个小镇上，随便购买一件东西。在这之前，国王命人偷偷地把他们的衣兜剪了一个洞。中午，兄弟俩回来了，大儿子闷闷不乐，小儿子却兴高采烈。国王先问大儿子发生了什么事，大儿子沮丧地说："金币丢了！"国王又问小儿子为什么兴高采烈，小儿子说他用那枚金币买到了一笔无形的财富，足以让他受益一辈子，这笔财富就是一个很好的教训：在把贵重的东西放进衣袋之前，要先检查一下衣兜有没有洞。

乐观者认为，每件事情都有它积极的意义，即使是坏事，他们也能发现它对人生的教益。因此，每个人都应当主动做个乐观的人，而不能让悲观的心态长期主导自己的心理和行为。

乐观与悲观这两种截然不同的心态在每个人的心中都会交替出现，没有谁能保证自己时刻都是积极的、乐观的。但在更多的时候，我们要引导自己以乐观的心态看待发生在自己身上和周围的事情。

对于生活中的很多事情，如果我们能够从不同的方面给予不同的评价，乐观地看待某事，就能发现其中更多积极的意义，这样也能给自己带来更多的快乐。

乐观之于人生，是地平线那袅袅升起的热望与希冀，是寻得一份旷达与美好的铺垫与勇气。让我们在乐观中撷取一份坦然，这样，你的面前就会盎然多彩；若在悲观中摘下一片沉郁的叶子，它只能瓦解你积蓄的力量。那些不停抱怨的悲观者，看到的总是事情灰暗的一面，即便到春天的花园里，他们看到的也只是折断的残枝、墙角的垃圾；而乐观者看到的却是姹紫嫣红的鲜花、飞舞的蝴蝶，自然，乐观者们的眼里到处都是春天。

悲观心态的存在是正常的，它并不可怕，只要你学会调整自己的心态，一切困难都可以克服。

人首先要明白，你越怕什么，就越会发生什么。因此，一定要知晓积极态度所带来的力量，要相信希望和乐观能引导你走向胜利。

即使处境危难，也要寻找积极因素。这样，你就不会放弃取得微小胜利的希望。你越乐观，克服困难的勇气就越会倍增。

人要学会以幽默的态度来接受现实中的失败。有幽默感的人，才有能力轻松地克服厄运，排除随之而来的悲观情绪。

学会珍惜，未必得不到的才是好的

人是贪婪的动物，越是得不到的，越觉得珍贵和美好。有人说，人心总是难以捉摸，不论给予它多少，都不会满足；即使拥有了很多，仍会在意那些没有得到的、不属于自己的东西。有的人习惯于羡慕别人拥有的，感伤自己没有的。或许他们还不知道，在艳羡别人的时候，别人也正艳羡着他们。

从积极心理学的角度来说，不满足并不是坏事——如果它能够成为你进取的动力。人千万不要因盲目地羡慕别人而落入忧郁的陷阱。别人手里的糖未必比你的甜，真正的滋味只有他们自己最清楚。

从前，有一个年轻人，他要到另一个村庄去办事，途中要经过一座大山。出发之前，家人嘱咐他：如果遇到野兽千万不要惊慌，只要爬到树上，野兽就奈何不了你了。

年轻人走到中途，野兽果然出现了，一只猛虎飞奔而来，于是他连忙爬到树上。

老虎围着树干咆哮不已，拼命往上跳。年轻人本想抱紧树干，却因为惊慌过度，一不小心从树上跌了下来，刚好跌在猛虎背上。而老虎也受了惊吓，立即拔腿狂奔，他只得抱住虎身不放。

另外一个路人不知事情的缘由，看到这一场景，十分羡慕，赞叹不已："这个人骑着老虎多威风啊！简直就像神仙一般快活。"

骑在虎背上的年轻人真是苦不堪言："你看我威风快活，却不知我是骑虎难下，心里怕得要死！"

每个人的境遇不同，所获得的感觉也截然不同。当你在心里对别人羡慕不已的时候，他的荣誉、幸福、成功等也许并没有你想象得那么好，正所谓酸、甜、苦、辣，只有自己知道。

人似乎有一种非常奇怪的心理，那就是得不到的东西是最好的，总认为别人嘴里的糖都比自己的甜！

这种心态在现实生活中极为常见：

有一天，一对夫妇在逛百货公司，刚好遇上名牌女装特价促销，一群女士挤在一个摊位上选衣服。

太太拿着衣服在身上左比右比，还是下不了决心。"喂！你看这件好不好？"太太希望能从先生那里得到答案。

这时，她一抬头，见到对面有位小姐，手里拿的那件上衣的颜色要比自己手上的好看，款式也新颖一点。

"放下，快点放下……"太太眯起眼睛盯着那件衣服，心里开始默念。

说也奇怪，她的默念果真奏效，念着念着，那小姐竟然就真的放下了。她马上伸手，抓过那件衣服，身手矫捷、动作利落。

“今天运气可真好！”太太付了钱笑嘻嘻地对丈夫说，“这件衣服差点儿就被那位小姐给抢去了。”

先生扬了扬眉毛笑道：“是啊！我想那位小姐心里想的和你一样，她现在正开心地拿着你原先拿的那一件呢！”

萧伯纳曾说，你可知道，人类总是高估了自己所没有的东西的价值。人很容易去羡慕别人，看着别人，对自己已拥有的东西却不在意，也不知道珍惜。许多的事情，人们也总是在经历过以后才会懂得。一如感情，痛过了，才会懂得如何保护自己；傻过了，才会懂得适时地坚持与放弃，在得到与失去中，我们慢慢地认识自己。其实，生活并不需要这么些无谓的执着，没有什么是真的不能割舍的。

欲望总是使人对得不到的东西念念不忘，使人认定它才是最珍贵的。由于得不到，所以无限憧憬，穷其一生去追求。哪怕像飞蛾扑火，哪怕像空中楼阁，哪怕像懒汉仰头等待天上掉馅饼，哪怕像沙漠行者奔跑着扑向海市蜃楼。得不到它，你会怅然若失，会绝望，会撕心裂肺地痛。这种感觉会深刻地印在记忆中，挥之不去，会时时困扰着你的思想，影响你的生活。

对于得不到的东西，你会一直以为它是美好的，那是因为你对它了解太少，当有一天你深入了解后，你会发现，它远不是你想象中的那么美好。我们要有这样的幸福心态：对自己已经拥有的，要倍加珍惜；对自己没有的东西，要尽量正常争取，但不要过分强求。快乐的人生并不需要太多物质的陪衬，关键在于培养自己良好的心态。

告别过去，别让昨天影响今天

感性的人总喜欢在记忆里寻找对生活更美好的感悟，他们充满诗人的气质和文人的儒雅，他们总喜欢沉浸在过去的状态中，不愿将头转向现实的一方，接受最真实的考验。

心理学家说，人之所以喜欢怀念过去的生活，是因为在回忆的过程中心理得到了在现实生活中无法感受到的慰藉，或者是因为在过去的状态中可以减轻对现实生活的挫折感和恐惧感，所以他们越加沉浸在这种感觉里。有一些人，他们对过去失败的事情不能释怀，在反复思考中给自己找寻借口，以此掩饰过错，或掩盖自己的无能。久而久之，他们习惯了这种思考模式，以至于在现实生活里找不到真正的自我，不能拥有良好的心态。

这是一个阳光明媚的午后，在纽约的一家中国餐厅里，丽莉在等一位朋友。这时的她沮丧而消沉，由于她在工作中出现了失误，因此没能完成一项非常重要的项目。即使现在在等一位最好的朋友，她也难以像平常一样感到快乐。

过了一会儿，丽莉的朋友终于来了。她是一名心理医生，她的诊所就在附近，当时她刚刚和最后一名病人谈完话。

“怎么了，丽莉？”医生直接问道，“什么事让你这么不开心？”对她这种洞察别人心事的本领，丽莉早就不意外了，所以她也直截了当地说出了自己烦恼的事情。听完后，医生说：“来吧，到我的诊所去，我们来做个小实验。”

到了诊所后，医生从一个硬纸盒里拿出一卷录音带塞进录音机里，她说：“在这卷录音带上，一共有三段话，是来我这儿的三个病人说的。你不用知道他们的名字，我要你仔细听他们的话，看看你能不能挑出支配这三个案例的共同因素。我可以提醒你，只有四个字。”

第一个是男人的声音，他说他刚遭受了生意上的损失。第二个是女人的声音，说她因为照顾寡母的责任太重而一直没能结婚，她心酸地诉说她错过了很多结婚的大好机会。第三个是一位母亲，因为她十几岁的儿子和警察起了冲突，为此她一直在责备自己。丽莉听起来，这三个声音的共同特点就是不快乐。而且丽莉注意到，他们一共六次用到相同的四个字——“如果，只要”。

她将这一发现告诉医生。医生微笑了，说：“你一定感到很惊奇吧？你知道吗，我每天都会听到很多次用这四个字开头的内疚的话。很多时候，他们都在不停地说，直到我让他们停下来。我对他们说，只要你们不再说‘如果，只要’，也许你们就能把问题解决掉。”

看丽莉好像还是不太明白，医生进一步解释道：“‘如果，只要’这四个字的问题，在于这四个字不能改变既成的事实，只能使我们朝着错误的方向走去。你依然沉浸在所犯的错误中，怀念过去更多美好的事物，并没有从这些错误中学到什么，而是一遍一遍地重复过去的灾难，甚至以此为乐。最后，如果你已经习惯用这四个字，它们就会成为你不再努力的借口。”

在医生的不断开导下，丽莉终于意识到，自己还沉浸在过去失败的阴影中，而没有用积极上进的态度去改变现在的处境，这是一种“反刍”的体现。适当追忆是正常的，也是必要的，但是一味地沉湎于过去而否认现在和将来，就会陷入病态。

心理学家分析说，人总是容易怀念过去、享受安逸、逃避问题，特别是在面对困难的时候，人们内心的天平会极力向退缩这一方向倾斜，在反复地回首往事的过程中，不自觉地把自己蜷缩起来，期待有个人能在某个时候给自己以勇气，给生活带来改变，而更多的时候，这却只是一种奢望。艾森豪威尔说：回顾一天的时候，感觉不到任何的快乐、满足或者幸福的话，那么这一天绝对是失败的一天。因此，你如果不想成为一个失败者，就要在生活的苦难面前挺起自己的胸膛，做一个让人钦佩的人。

快乐的人拥有活在当下的心态，拥有明天会更好的希冀。特别是在苦难面前，这种想法应越加强烈。人活着不要总是对现状不满意，更不要因此沉溺于对过去的追忆中。当你不厌其烦地重复述说往事时，你可能已经忽略了今天正在经历的体验。记住，今天才是世界上最真实、最重要的一天，是你能够拥有美好的明天的基础。逃避苦难、逃避今天，你的明天依旧会被苦难所包围。

人要有直面现实的心态。美好的东西总是让人留恋，失败的事情同样让人悔恨，过去的东西，要在心里给它找一个合适的栖息地。即便过去的时光是美好的，那也已经远去，我们还有更加美好的明天；如果过去的时光是苦涩的，我们就要踩着这些令我们痛苦、消沉、抑郁的东西大步向前。

打开心门，梦想终将照亮现实

我们常说环境塑造一个人，也塑造了他的心。受限于环境也许是一种客观的悲哀，但对于有思想的人来说，更多的则是心态的羁绊。

一位心理学家曾讲过这样一个故事：

有一个农夫在一次农产品的展览会场上，展示了一个形状如同水瓶的南瓜，参观的人们见了无不啧啧称奇，追问农夫是用什么方法把这个南瓜培育成功的。农夫回答道：“当南瓜只有拇指一般大的时候，我就把它装入水瓶里，当它渐渐长大，把瓶子内的空间都占满时，南瓜便会停止成长，这时，它就能够一直维持着在水瓶里面的那种形状了。”

南瓜的成长和人的心态的形成是同理的，如果我们把自己的心封闭起来，给自己设定限制，那么我们就会如同被放进水瓶中的南瓜一样，逐渐失去自由成长的可能，心态也难免偏激。

有些人说：“我就喜欢一个人待着，不喜欢和别人交流，不愿去挑战什么，我的个性就是这个样子。”又有人说：“我也不想这样，但我就是做不到的。”这样的人对自己心态的问题有着较为清醒的认识，之所以说这样的话，往往都是在替自己的不肯改变、不思上进找寻合理化的理由。我们的人生若是始终都保持这种逃避的心态，那么我们终将会令自己留下许多无法弥补的缺憾。

丹麦哲学家齐克果曾经说：“一旦一个人自我设限，并且一直认定自己就是个什么样的人，他就是在否定自己，他甚至不会自我挑战，只想任由自己一直如此下去，而这终将导致自我毁灭。”

人们经常讨论为什么起初处于同一起跑线上的密友在几年之后却有着截然不同的境遇。除了智力、机遇、情商等诸多因素外，心态的不同起着巨大的作用。事实上，只要人不对自己进行自我设限，并且给予自己力求改变的自信和勇气，相信每个人都能活得更加精彩！

一天，一位作家邀请一名女保姆为他收拾房子，这位保姆对作家说："你的家里真是太漂亮了、太棒了，我也想拥有这样的房子，不过呢，我看还是算了吧！"

作家疑惑地问道："既然你想拥有这样的房子，为什么不认真考虑购买呢？"

保姆无奈地摇摇头说："我已经快要50岁了，还有生病的丈夫和孩子需要我一个人养活，我并不认为自己买得起一栋房子。"紧接着，保姆感慨地说："唉！这样的房子都有很高的房价，再说我为了养育孩子需要很多的钱，而每个月靠打工赚来的收入，根本无法完全应付支出，哪还有闲钱能够存下来购买房子呢？你说，像我这样的情形，我要怎么认真考虑买房子的事情呢？算了吧！我知道我是没有办法的。"

作家听完后，一句话都没说，只是走回自己的书房。不久，他抱着一个糖果盒走出来。作家走到保姆的面前，问她身上是否有10美元的硬币。保姆虽然感到万分狐疑，但她还是从口袋中拿出一枚10美元硬币来交给作家。只见作家将硬币丢入糖果盒中以后，再将糖果盒无比慎重地放到保姆的手上，鼓励她说："我相信你一定能够办到的，这10美元就是你为了买房子做的第一步！"

几年以后，作家收到了一封庆祝新居落成的宴客邀请函，署名者正是当初那位自认无法买得起房子的保姆！

保姆的故事告诉人们，只要你不在心中给自己设限，努力朝着目标迈进，你就会有更加积极的进展；相反，如果你一直认为自己办不到，或是在这个过程中不断怀疑自己的能力、缺乏自信心，你就永远无法实现目标。

人的心态就是这般神奇，如果你给予它更多的阳光，让自己的心门开得更大些，那么你的人生之路就会更加异彩纷呈。最终，你会如那句话所说——梦想终将照亮现实。

不要攀比，攀比只会带来自卑

很多时候，人们都感觉自己没有别人幸福。为什么别人可以随心所欲穿任何一件衣裳，而我却不能？为什么有些人的举手投足都显得气质非凡，而我不是这样？为什么曾经的同窗、当年的好友现在都比我挣得多、活得好？这样的问题经常在人们的脑海里闪现。

其实，聪明的人很容易看出，这些问题都是有所比较才得出来的。在这个世界上，大多数的人，都会穷其一生地把自己的目光集中在其他人身上，明里暗里地与其他人进行无休无止的比较，从身材到容貌，从工作到家庭，从老公到孩子，从房子到车子，甚至从手到脚，从鼻子到眼睛……这些“愚蠢”的比较使得很多人陷入失落、困惑和自卑的旋涡中无法自拔。

自卑是一种消极的心理状态，它不是凭空出现的，并不是指客观上看来自己不如别人，而是人主观上认为自己不如别人、认为自己不够好。在你身边，是否有这样的人，他们经常感叹自己不够好，别人都比自己好；哪怕是一件衣服，穿在别人身上很好看，但是，穿在自己身上，即使很合身，也不如别人穿着好看。这就是自卑心态的消极作用。

自卑是人自尊、自爱、自励、自信、自强的对立面，它会严重影响人身心的健康发展。万事万物都有瑕疵存在，由于自己在某方面存在缺陷就妄自菲薄，这样的人只会在自卑的泥淖里越陷越深。

其实，每个人在不同的时期都会产生不同程度的自卑心理。任何人都无法做到没有一丝缺陷，关键是看你怎样看待。

有一个农夫整天埋怨自己的命运不好，一辈子都是农夫，被别人看不起，他感觉自己的地位很卑微。

有一天，他弓着腰在院子里清除青草，因为天气很热，所以他脸上不停地冒汗，汗珠一滴一滴地流了下来。

“可恶的青草，假如没有这些青草，我的院子一定很漂亮，为什么要有这些讨厌的青草来破坏我的院子呢？”农夫这样嘀咕着。

有一棵刚被拔起的小草，正躺在院子里，它回答农夫说：“你说我们可恶，也许你从来就没有想到过，我们也是很有用的。现在，请你听我说一句吧！我们把根伸进土中，等于是在耕耘泥土，当你把我们拔掉时，泥土就已经是耕过的了。

“下雨时，我们防止泥土被雨水冲掉；在干旱的时候，我们能阻止强风刮起沙土。我们是替你守卫院子的卫兵，如果没有我们，你根本就不可能享受赏花的乐趣，因为雨水会冲走你的泥土，狂风会刮走种花的泥土……你在看到花儿盛开之际，能不能记起我们青草的好处呢？”

一棵小草并没有因为自己的渺小而自卑，农夫不禁对小草肃然起敬。他擦去额上的汗珠，然后微笑了。

很多时候，你怎样看待自己，决定了别人怎样对待你。如果你是一棵自卑的小草，那么你在心底就已变得非常渺小；如果你肯定自己存在的重要价值，告诉自己“我很重要”，那么你在别人的眼里也会变得高大。

哲人说，自卑是人冲出逆境的绊脚石，自卑是自己为自己设置的障碍，如果不想受到自卑的影响，除了要正确地看待自己之外，还要学会不总是和人比较，不给自卑以萌生的可能。

一天，一个高傲的武士前来拜访禅宗大师。他本是一个出色且颇具威名的武士，但当他看到大师俊朗的外形、优雅的举止时，猛然自卑起来。

他对大师说道：“为什么我会感到自卑？在一分钟前，我还是好好的。但我刚跨进你的院子，便突然自卑起来。以前，我从没有过这种感觉。我曾经无数次面对死亡，从没有感到恐惧，为什么现在感到有些惶恐呢？”

大师对他说道：“你耐心地等一下，等这里所有人都离开后，我会告诉你答案。”

一整天，前来拜访大师的人络绎不绝，武士等得心急火燎。

直到晚上，大师终于对他说：“到外面来吧！”

大师指着院子里的一片树林，说道：“看看这些树，这棵树高入云端，而它旁边的这棵，还不及它的一半高，它们在我的窗户外面已经存在好多年了，从没有发生过什么问题。这棵小树也从没有对大树说：‘为什么在你面前我总感到自卑？’”

武士说道：“因为它们不会比较。”

大师回答道：“那么你就不需要问我了。你已经知道答案了。”

世界上没有生来就自卑的人，这种心态是在后天的成长过程中形成的，是在不断与他人“比较”的过程中形成的。所以，不要和别人比较，因为永远都会有人比你强。你会发现张三比你英俊，李四比你聪明，王五比你健康……你必须警惕起来，避免自卑对自己造成伤害。

人要对自己保持一种接纳的态度，而且要愉快而满意地接纳。也就是说，对自己的容貌、声音、家世等要正确地认识，并欣然地接受。不跟别人相比，只跟自己的以前比、现在比，为获得未来更加美好的生活继续不断努力。

对待敌人，盲目仇视要不得

人的情感较为丰富，有时也会与人斤斤计较，特别是对于自己的敌人，更是万分仇视。大多数受过高等教育的人爱憎分明，对的就是对的，错的就是错的，黑是黑，白是白。他们唾弃那些黑暗的东西，憎恨和厌恶他们的敌人，与他们总是针锋相对。

在大多数情况下，我们要坚守这样的价值观和心态，但有时候，正如安提西尼所说："重视你的敌人，因为他们最先发现你的错误。"

因此，人对于自己的敌人，也不要盲目仇视和敌对。

敌人，本是个中性词。在小的时候，很多人一听说是敌人，一定说是坏蛋，为此还和大人一直争论，绝对不改变自己的看法。其实，在现今社会，敌人更多被理解为对手，对手不一定是敌人，拥有一个强劲的敌人或卓越的对手也是非常难得的事情。拥有强劲的对手，能不断地鞭策自己向前行进，让自己不敢有丝毫的懈怠和麻痹，以免被淘汰出局。

人的一生会遇到各种各样的对手。在学校的时候，总是有人成绩在你之上，或者你稍有懈怠就会被别人超过；等到了社会中，你身在职场，总是有些人比你出色，比你更能得到老板的信任，比你更精通专业知识和技能；好不容易有了自己的事业，却发现同行业中存在着那些可以吞并你的公司……

人应该明白，能够拥有优秀的对手的人也不会是普通的凡庸之辈，他们必然拥有值得对手敬重的德行和超乎寻常的才干。乔治·巴顿研发M1A2型坦克装甲的故事，正好说明了对手的积极作用。

M1A2型坦克的研制者乔治·巴顿中校是美国陆军最优秀的坦克防护装甲专家之一，他接到研制MlA2型坦克装甲的任务后，立即找来了毕业于麻省理工学院的著名破坏力专家迈克·马茨工程师。两人各带一个研究小组开始工作。巴顿带的是研制小组，负责研制防护装甲；迈克·马茨带的则是破坏小组，专门负责摧毁巴顿已研制出来的防护装甲。

刚开始的时候，马茨总是能轻而易举地将巴顿研制的新型装甲炸个稀巴烂。但随着时间的推移，巴顿一次次地更换材料、修改设计方案，终于有一天，马茨使尽浑身解数也未能奏效。于是，世界上最坚固的坦克在这种近乎疯狂的“破坏”与“反破坏”试验中诞生了，巴顿与马茨也因此而同时荣获了紫心勋章。

在今天，社会竞争日趋激烈，到处都有竞争对手。在与对手竞争的过程中，采用什么样的态度，直接决定了你能否取得成功。

没有天敌的动物往往最先灭绝，有天敌的动物则会逐步繁衍壮大。大自然中的这一现象在人类社会也同样存在。敌人的力量会让一个人发挥出巨大的潜能、创造出惊人的成绩，尤其是当敌人强劲到足以威胁他生命的时候。

在生活中，你没有必要憎恨或者抱怨你强劲的“对手”！若仔细回想一下，你就会发现，真正促使你进步、成功的，真正激励你昂首阔步向前的，不单是自己的能力和顺境，不单是朋友和亲人的鼓励，更多的时候，是你的“对手”激发了你的潜能，促使你不断进步。在《三国演义》中，诸葛亮和周瑜就是对手。就个人而言，他们相互欣赏、相互敬重。周瑜去世之后，孔明吊孝灵堂，大放悲词，泪雨滂沱。孔明为失去一个优秀的对手而悲伤，对于强者来说，遇不到对手和敌人，自己的进步也将慢慢停止。

闻一多的话教人要摆正对于对手的心态：“我们不怕承认自身的‘弱’，愈知道自身弱在哪里，愈好在各人自己的岗位上来尽力加强它。”

第10章

碰壁与挫折，不过是对你的另一种考验

自我推销是现代社会获得成功的重要途径之一，没有那么多的伯乐等着发现你，假如你是千里马，就要鼓起勇气将自己推销出去。然而，并不是每一次的自我推销都能获得成功，或许你会失败，或许你会碰壁，但最重要的是记住：无论怎样都不要丧失对自己的信心。何不将碰壁看作是对自己的另一种肯定？或许你并不适合你所想推销自己的那一个领域，既然如此，就到其他领域去试试吧，或许你会发现另一个天地。

迎难而上，被拒绝也别沮丧

在大多数人的字典里，“拒绝”就等同于“否定”。的确，一个人若是得到对方的认同或者赞赏，那么通常就不会被对方拒绝。遭到拒绝，必定是因为自己不够出色或者达不到对方的要求。因此，就有了因为被拒绝而灰心沮丧、失去勇气的人，原本绚丽的梦想也因为被拒绝而失去了颜色、丧失了热情。是的，没有人喜欢听到“不”字，没有人喜欢尝试被拒绝的滋味，但是正如一切生命中的权利一样，拒绝也是他人的一项权利，我们无法改变他人的决定；但我们可以改变自己的心情与心态，笑着接受拒绝，将它当作成长所必须经历的阶段，把它当作另一种形式的肯定。

比如，有人对你说：“你没有工作经验，而这又是我们所需要的。”你大可不必因此垂头丧气，相反，你可以笑着对自己、对别人说：“谢谢你说我是一张白纸，因为在一张白纸上作画要比在一张已经被涂抹过多次的纸上作画要轻松得多，也更加容易成功。”假如有人对你说：“你太年轻了，不够成熟。”你也不必因此而感到惶惑不安，相反，你可以充满自信地对自己、对别人说：“谢谢你说我年轻，年轻也是一种资本。因为年轻，所以我更容易接受新的知识和技能；因为年轻，所以我更有冲劲和活力；因为年轻，所以我没有负担，更能够将更多的时间和精力投入到事业中去。”这种自信和乐观是自我推销中极为重要的要素，它不但可以令你看上去更具魅力，还可以影响对方的情绪和心态，改变对方的观念和思想。即便是对方不改变心意，那又有什么关系呢？你已经肯定了自己，而这才是成功道路上最重要的一点。

《伤仲永》的故事大家耳熟能详，被誉为“神童”的方仲永因为被成功的喜悦和赞美之声所环绕，最终迷失了自我，“泯然众人矣”。

而明朝嘉靖年间的一位神童却和他有着截然不同的命运，说起这事情的缘由，竟然是一次“被拒绝”。

这个孩子五岁开始学习经文，六岁时通晓六经大义，十二岁时考中秀才，可谓意气风发、风光无限。然而，在他十三岁时，他生平第一次尝到了“被拒绝”的滋味。

那是在他参加乡试时，当时的考官湖南巡抚对他在场上的对答如流大为赞赏，还当场解下腰带赠予他。但是，当他走后，巡抚暗暗吩咐手下，万万不可让他考中举人。

难道是巡抚大人对这孩子的才学不赏识吗？恰恰相反，

正是因为他太爱惜这孩子的才华，所以才不忍心让他和许多因为过早显露才华而不思进取的少年一样，荒废了自己。他是要给这个孩子一些磨难和挫折，令他在磨难和挫折中更加茁壮地成长。

果然，这孩子经过这一次挫折之后，更加发奋刻苦地学习，变得更加沉着而稳健，不但三年后第二次赴考时一举中的，并且从此后仕途一帆风顺，最后成为一代名相。

他就是明朝万历年间的内阁首辅大学士张居正，中国历史上少有的治世奇才。

又有谁能够说张居正的“被拒绝”不是一种真正的幸运呢？湖南巡抚当初对他的拒绝，不是对他的否定，相反，这是一种极大的肯定与爱惜。因为有了这次失败，张居正才更明白成功的可贵，才学会了在一帆风顺的时候戒骄戒躁，在身处逆境的时候不消沉颓废，也因此才有了他人生和事业的腾飞与辉煌。假如他年少得志，又不经历一丝挫折，就很容易养成骄傲自满、狂妄自大的性格，而这样的性格在波谲云诡的朝廷上是很难立住脚跟的，更别谈做一番大事业了。

所以，聪明的你，在遭到别人的拒绝时，不要因此而心怀不满甚至愤恨难平，而应笑着接受拒绝，并将这拒绝当作一种人生的考验和另类的肯定！正如丘吉尔所说的：“所谓成功，就是不停地经历失败，并且始终保持热情。”一次又一次的拒绝，能让你一次比一次进步；一次又一次的拒绝，能让你变得更加富有勇气和毅力。所以，不要害怕被拒绝，这其实是对你人生的另一种肯定和褒奖。只有拥有这种心态的人，才能越挫越勇，才能在成功的道路上将那些因为被拒绝而变得消沉的人远远甩在身后。

被拒绝，也许是人生的一个契机

没有人会在遭受拒绝时依然欢天喜地，这一点毋庸置疑；但是，也不必为了受到拒绝而消沉苦闷，甚至一蹶不振、自暴自弃，这是最愚蠢的做法。“此处不留爷，自有留爷处”，这句江湖术语听起来粗俗，却很有人生的道理。为什么要在一棵树上吊死呢？古人云：“树挪死，人挪活。”别人拒绝了你，或许是因为你的确不适合这项工作或这个领域，那么为什么不换个地方试一试呢？或许从此后你就打开了一个完全不同于以往的、更加精彩的局面。

不要担心会被拒绝，拒绝的背后，或许正给你提供了更好的机会。转换一下思路，改变一下视角，人生或许就会因此而不同。

英国的企业通常为就职人员提供高福利和高薪水，但是，对于刚毕业的年轻人来说，想找到一份令人满意的工作并不是很容易的事。一位年仅22岁的英国大学毕业生，虽然怀揣英国伯明翰大学新闻专业的毕业文凭，却一直很难找到理想的工作。为了找工作，他从英国的北方一直跑到了南方，几乎跑遍了整个英国。

这一天，他来到了伦敦著名的《泰晤士报》的编辑部。

他问招聘主管："你们需要编辑吗？"

"不需要。"对方很干脆利落地拒绝了他。

"那你们需要记者吗？"

"也不需要。"

"那你们需要排版或者校对的人吗？"年轻人不屈不挠地追问。

"我们什么都不需要！"对方明显很不耐烦，提高了声调。

"那你们一定需要这个！"年轻人并没有气馁，而是微笑着递过一块制作精美的牌子，上面写着"额满，暂不招聘"几个大字。这一举动出乎招聘主管的意料，他不禁对这个思维敏捷、举止大方的年轻人刮目相看了。经过交谈，他决定录取这名年轻人。

"但是……"主管有些犹豫地说，"其他部门都已经满额了，只有外勤部还有一个名额，你愿意去吗？"

"当然，我很乐意。"年轻人欢快地回答。

在外勤部门，年轻人工作勤勉努力，很快便崭露头角，然后一路晋升，最后成为这家全球闻名的大报社的总编。他的名字叫生蒙，一位如今已是业界资深人士的报业翘楚。

生蒙早就为自己的被拒绝作好了准备，他没有因为对方的拒绝而灰溜溜地转身离去，而是不屈不挠地再三尝试；即便最后对方并没有提供给他最合适的岗位，他依然愉快地接受了，并做出了令人刮目相看的成绩，最后成就了自己的人生。可见，没有人天生注定一定只能从事某个行业或者从事某项工作，只要顽强拼搏、奋勇当先，做任何工作都可以通往成功的顶峰。

不要因为意得志满便狂妄自大，更不要因为被拒绝便妄自菲薄，这世上，“山重水复疑无路，柳暗花明又一村”的奇迹并不少见，关键在于奇迹发生时你是否已经作好了准备。就像上文的生蒙一样，是金子的话无论放在哪里都会发出耀眼的光芒，所以又何必为了暂时的被拒绝和不被欣赏而伤心难过呢？

被拒绝之后的唉声叹气、沮丧消沉不会改变任何现实，相反，它只会令你的人生之路越走越窄、越走越艰难。所以，聪明的人绝不会在一棵树上吊死，而是另辟新径，寻找人生新的天地。既然如此，何不将被拒绝当作人生的一个契机？是上天给你这样的机会，让你去寻找更加适合你的领域和行业。只要有了这样的心态，你做任何事、在任何行业都能够获得成功。

没有适合的工作，不如自己创业吧

每个人都想找一份适合自己的好工作：高薪水、高福利、高稳定性。但是，随着求职大军的日渐膨胀社会需求的相对缩水，这种“三高”的好工作对于很多人来讲似乎可望而不可即。尤其对于那些没有家庭背景、没有“贵人”相助而自身又毕业于一些三流大学、缺乏竞争力的年轻人来说，这更无异于痴心妄想。于是，有人充分发挥出不屈不挠、百折不回的精神，一次次投简历，一次次被拒绝，大有“不撞南墙不回头”的雄心壮志。这种精神自然是可嘉的，但是并不值得称道。所谓“条条大路通罗马”，何必要一条道走到黑，在求职这条独木桥上挤得头破血流呢？如今，无论是国家还是社会，都给了创业者各种政策上的扶持和实际帮助，尤其对于年轻人，更是鼓励他们自我创业，实现人生价值。在这样的大环境之下，为何还要忍受一次又一次的失败，在求职的路上迂腐到底呢？不如勇敢地收拾行装，踏上创业的大道！

三十多年前，王宇出生在河北廊坊一个贫困的农民家庭。俗话说：“穷人的孩子早当家。”当同龄的年轻人还在享受大学校园的浪漫时，王宇早已开始了边读书、边打工的生活，因为他要负担自己的学费。

然而打工生涯给他最大的收获不是金钱，而是让他学会了思考。在无数个不眠的夜里，他静静地思索："为什么非要给别人打工？难道不能自己给自己打工吗？"这个念头在他的心里越来越强烈，终于，到大学毕业时，当同学们都争先恐后地争抢各种"铁饭碗"时，王宇却靠着借来的5000元钱开始了他人生中的第一次创业——开烧烤小吃店。

烧烤店的生意很火爆，很快，王宇凭借着自己打工的经验将这小小的店经营得风生水起，短短几个月就净赚数万元。然而，好景不长，由于市政规划改造，王宇的烧烤店被拆迁了。之后几个月王宇都没找到合适的开店地点。为生计所迫，他又来到了北京的一家广告公司打工。

在繁华的京城，王宇的创业梦依然没有熄灭，他又想重新开烧烤店。当时很多人不理解，为什么放着安安稳稳的工资不拿，非要冒险去投资、去创业，甚至有人将他的这种行为称为"自杀，就相当于吃老鼠药"。但是王宇不为所动，他找到朋友合伙，开了他人生中的第二家烧烤店。

然而，第二个打击接踵而来，因为生意太好，合伙人竟然拿着5个月赚的40万元钱和公司的各种文件、印章，凭空消失了。

大家以为这下王宇应该老老实实去打工了，但是王宇在一次出差的机会中实现了人生的第三次转机。当时他在广州出差，和朋友吃饭时，他对旁边的一家烧烤店产生了浓厚的兴趣。他发现，这家店所用的烧烤设备虽然笨重，却没有烟尘，比他之前浓烟滚滚的烧烤店显得干净卫生多了。他敏锐地察觉这里面蕴含着巨大的商机，要是能将机器改良一下，变得轻巧、灵便，无烟烧烤的市场必定大得令人无法想象。

说干就干，王宇回到北京后，立刻着手琢磨改造无烟烧烤的炉子。功夫不负有心人，终于，一辆既轻便又实用的无烟烧烤小吃车诞生了。而就是这不起眼的小吃车，两年内竟然卖出了两亿元的利润。王宇成了名副其实的“小吃大王”、亿万富豪。

王宇的成功绝不是个例。每年，从求职的人流中退出，通过创业实现致富梦想、实现人生价值的年轻人比比皆是。在他们的身上，我们看到的不是因循守旧、墨守成规，而是别出心裁、另辟蹊径。不要说如今“铁饭碗”已被打破，有的人就算拥有安逸、稳定的工作，他们也常常毫不犹豫地放弃，投身于创业大军，成为时代的弄潮儿。那么，作为走在时代前列的年轻人，我们又何必在求职的道路上举步维艰呢？不如学一学王宇，学一学比尔·盖茨，勇敢地为自己的人生做一次主。说不定，中国的胡润富豪榜中，也终有一天会出现你的名字。

毋庸置疑，创业是充满艰辛的，充满了不确定的因素，但是，只有敢于拼搏的人才最有资格看到风雨后的彩虹。创业会让你充满激情，令你敢于面对各种困难和险阻，而你的自信与毅力也会在创业的过程中逐渐形成。即便创业失败，你也能收获一笔无形的财富，它是你人生中的无价之宝。有了这些无价之宝，你还会担心你无法成为一个成功的人吗？

当你的工作变成鸡肋，不必留恋

无论对于求职成功还是自我创业的人来说，“转行”都不是一个能轻易说出口的字眼。就像一个运动员，已经跑出了一大截，突然要求他回到起点、重新来过，这对任何人来说都不是一件轻而易举的事情。但是，当目前的职业或工作已经妨碍了你的成长，或者看不到未来的希望，变得犹如一块“食之无味、弃之可惜”的鸡肋时，转行或许不失为一个明智的选择。

转行与普通的跳槽不同，后者只是简单的在地点上的转换，从一家公司转换到另一家公司，而从事的依然是以前的工作；而前者则是职能或行业的大跨越，有时甚至是两者结合的根本性转化，对于一个以前从未接触过的岗位或行业，心有顾忌自然也是理所当然的。但是，当你目前所从事的行业已经没有了前途，或者你已经完全对它丧失了兴趣，工作对于你来说已经变成一种煎熬时，为什么还要死死地固守阵地、毫不动摇呢？硬撑终究不是办法，不但辛苦了自己，也无法获得事业上的成就，甚至白白地荒废了岁月和青春。

吴岩在大学时学的是市场营销专业，因为气质好、形象好，加上外语出色，所以毕业后顺利地在一家大公司找到了秘书工作。但是，由于人漂亮，难免会受到上司的骚扰，因此没过多久她便辞职了。

找工作对于吴岩来说并不是一件难事，但是，她两年内换了三家公司，都遇到了同样的问题。后来，经朋友介绍，她去了一家世界五百强企业，并很快被提升为总经理秘书。然而，不久之后，吴岩又萌生了去意。

朋友很不解，问她是不是又受到了上司的骚扰。吴岩赶紧摇头，说："梁总是个素质很高的人，他很尊重我，从来没有过这方面的问题。"

"那你究竟是为什么？"

吴岩沉默了一会，终于道出了原因：原来她早就对秘书工作产生了厌倦心理，身为秘书，无论做到多么高层，其实也就是一个高级保姆，整天整理资料、接听电话、安排行程，做的工作实在没有挑战性，丝毫不能让她有任何成就感，还荒废了自己在大学所学的专业知识。吴岩本身是一个活泼、外向的女孩，但是秘书工作需要她严谨内敛，所以她做得很痛苦，却又不知道自己该如何是好。

朋友听了她的话，松了一口气说："其实你根本没必要离开。这么好的公司很难再找到，而且梁总十分欣赏你。为什么不试着在公司内部换一个部门，从事另一项工作呢？”

“你的意思是让我转行？”吴岩吃惊地问，她犹豫了。“我能行吗？自从毕业后我就没做过其他工作啊！”

“没有尝试，怎么就认为自己不行呢？”朋友笑着回答。于是吴岩暗下决心，给自己一个机会。

几个月后，朋友接到了吴岩的电话，她很开心地告诉朋友，自己已被调往市场部，目前主要负责采购工作。她一边工作，一边抓紧时间学习，争取今后向国际采购方向发展，让自己成为国际化人才。

类似吴岩的苦恼相信很多人都曾经遇到过，有的人选择了沉默，有的人选择了转行。虽然并不是每一个选择转行的人都能像吴岩一样找到人生的意义、实现自己的梦想，但是，将自己禁锢在一个已经完全失去兴趣的行业中，是没有任何意义的。

俗话说：“三百六十行，行行出状元。”只要选对了行业，加上不懈地努力，就一定能够做出一番成就。但是选择行业有时并不是简单的事，甚至可能要走不少的弯路。不要贪图眼前的安逸，假如你觉得目前的行业并不是你想从事的，或者并不能为你的前途带来光明，不如勇敢地转行。不要害怕失败，人生若没有尝试，就永远无法看到远处的风景。2004年诺贝尔生理学和医学奖的得主查德·艾科瑟尔原本的爱好是文学，在大学时所学的专业是语言。但是当他发现自己的兴趣与特长是生物学时，他毫不犹豫地选择了霍普金斯大学的医学院，继续自己的研究生学习，最后终于获得了人类生物学和医学的最高成就。

人生不止一种选择，人生也不止一种精彩。假如你对现状不满意，或者觉得现状禁锢了你的发展，那么就不要犹豫，找准适合你的行业，加强自我塑造，提升职业能力后，果断行动、主动出击，你的人生必将呈现另一种精彩！

先模仿经验，然后实现超越

这是一个崇尚特色、彰显个性的时代，而人云亦云、亦步亦趋则只恐会被人嘲笑。于是，每个人都竭力地想表现出一个与众不同的自我，想走一条不随大流的小径；然而，小径多荆棘、坎坷，不但一路行来磕磕碰碰，以致遍体鳞伤，而且耽搁了宝贵的时间和青春。为什么不寻找一条捷径呢？这捷径便是模仿。

不要认为模仿便低人一等，在没有能力创新的时候，模仿也是一种能力、一种本事。模仿可以借鉴他人的成功范例，学习他人的成功经验，令自己少耗费时间、少走弯路。人类模仿鸟儿的天空飞翔，最终发明了飞机；人类模仿鱼儿在水中潜伏，最终发明了潜水艇。其实，人类的历史便是一个不断模仿、创新和超越的过程。人们在模仿中提高自身的能力，加上不断创新和改进，最终形成自身的特色。

古今中外，多少人和企业以模仿起步，最终实现了超越和突破。近些年风靡于国内外的模仿秀节目中，许多人因模仿名人的出色表演而声名大噪，最终名利双收。他们有的满足于做山寨翘楚，有的则一战成名，踏入了娱乐圈，如因模仿赵本山而出名的“赵本水”，因模仿一曲《我只是个传说》而蹿红网络、最后被赵本山高调收为入室弟子的张仪天；因模仿杰克逊而出名，如今身价倍增、频繁出演，甚至与国际巨星Vitas共同拍摄电影《一夜成名》的浩天等。他们都是以模仿别人开始，并最终实现了自己的人生梦想。

美国零售业巨头沃尔玛是世界上最大的连锁零售业企业，它的创始人山姆·沃尔顿就是一个善于模仿——尤其是善于向竞争对手模仿和学习的人。

在刚刚涉足零售业时，用山姆自己的话来说，那就是“尽管我有信心，但是我在经营杂货商店方面连一天的经验都没有”。怎么办？没关系，最简单有效的方法便是学习他人的成功经验，尤其是模仿那些已经成功的竞争对手们。

当时，在山姆的商店对面有一家斯特林商店，对于店主约翰·邓纳姆所做的一切，山姆都细心观察、留神学习。对方的价格标注、商品陈列和经营之道，都是他学习和模仿的内容。他还经常到对方的商店里转悠，看到新的经营方式便立刻模仿学习，纳为己用。尽管这使得对方很恼火，但是他不为所动，通过这种方式，他逐渐成长为一个强有力的竞争对手。

对于山姆来说，他奉行的是拿来主义，只要是对自己有益的，他全部统统拿来，你的就是我的。从他开始管理第一家独立商店起，他使用的就是之前管理本·富兰克林店时使用的会计制度，因为他在会计核算方面没有任何经验，在大学时所学的会计学也是成绩平平。这一套来自别人的会计制度体系为山姆提供了宝贵的经验、节约了大量的时间和成本。直到沃尔玛连锁店开了五六家之后，他才逐步建立了自己的会计系统。

如今，沃尔玛面临巨大的电子商务压力，它又果断地仿效对手亚马逊的线上支付模式，先是允许网购者在实体超市对网购商品支付，进一步降低网购的门槛；紧接着又宣布，将在美国超市设置取货柜网络，利用实体店优势促进网络零售。

沃尔玛的成长过程就是一个不断模仿、学习，然后创新、超越的过程，这也是很多个人与企业的成功之道。有人或许认为模仿是创新的大敌，因此往往将之冠以“抄袭”的恶名。实际上，模仿也是一种创新的途径，将别人的成功模式化为己用，正是聪明人的智慧做法。伏尔泰曾经说过：

“独到性就是明智而审慎的模仿。”美国俄亥俄州立大学教授石家安也认为，商界行为与自然界物种演进没有很大的区别，都是依靠模仿、进化来战胜对手获得生存和发展空间的。因此，模仿并不是创新的天敌，无论对于个人还是企业的发展，都同样重要。我国企业管理界也有一句名言——“创新就是率先模仿”，意思就是要在学习和模仿过程中孕育创新，要善于学习和模仿世界上最好的东西，以实现跨越式的进步。

当然，正如俄国著名作家克雷洛夫所曾经说过的那样：“模仿别人，必须头脑清醒，然后收效才能宏大；而没有头脑的模仿，却要铸成大错。”模仿加上创新，使之变成自己的模式，并在实际操作中根据具体的情况不断改进，才能保持生命力的长盛不衰，否则最后也难逃被淘汰的结局。

第11章

不要总是担忧做不到，不尝试就永远不会成功

三十岁之前你可能还没有出人头地，不过这并不重要。对于年轻人来说，现在有什么结果并不是重要的，也是不现实的，重要的是你有什么想法。想法和观念决定了你会有什么样的行动，最终会有什么收获。重视自己拥有的，不断为自己的人生寻找出路，才会有不俗的成就。重视成长的过程，重视成长过程中自己的收获和经验，才能把你的人生带向你希望的地方。

别害怕失败，失败与成功总是先来后到

一个成熟的人总是会让更多的因素拉近自己与成功的距离，当他想要成功的时候，甚至他的想法情绪都在帮他积攒正面的力量。所以成熟的人不会让挫败感长时间地影响自己，而会让自己的目光尽快地回到失败带来的积极力量上面。

想要成功就不能总盯着阴暗面，成熟的人无论在任何情况下都会一分为二地看待问题，从而把更多的精力放在一件事情带来的积极的、有建设意义的一面。这样的观点可以让我们在困境中找出路，找有利于我们成功的方面。走在迷宫中，一条路没有走通，变成了死胡同，如果你在此嗟叹伤心，只会既浪费了时间，又让自己心生沮丧；如果能够从好的方面想，这未尝不是一个机会，你又试验出了一条路不通，也就是说，可以通向外面的路又少了一条，你寻找的范围又窄了很多，如果能够从这个角度想，那么这条路没有走通就是一件振奋人心的好事。

看事情的角度不同，我们面前的世界就会不一样，我们能够走出的人生路也不一样。如果我们总盯着人生中那些阴暗面，总盯着那些挫折，我们就会变得颓废，得过且过，一心想着只要不摔跤就好了，这样一来，我们离成功就更远了。要知道，成功是一条布满荆棘的路，路上的荆棘扎疼了你是因为你走对了大方向，如果你走的是一条坦途，那么，虽然路上没有失败，但最终也没有山峰、没有成功。很多一生平顺但没有大成的人走的就是这条路；而那些最终成就大业的人，注定要磕磕绊绊。因为要求完美，所以遭受痛苦；因为痛苦，所以才能够完美。

想要成功，你就不能总盯着阴暗面，无论是自己情绪的阴暗面，还是这个社会的阴暗面。失败的原因固然有自己的也有社会的，但总之还是自己的，如果自己对社会的某些潜规则不知情，无疑会触犯某些规则，那么就算失败，也是注定的，你不能因此怨天尤人，抱怨社会的不公平。你应该找出与人相处的规则，设法把那些阴暗面为我所用，这样才会对你的事业有所帮助。

社会对于每个人都是公平的，当你摔了跤，就知道人生路上的陷阱在哪里，避开了，你的人生就有了很大的进步。摔跤是一种经验，不仅能够让你在这条路上避开类似的陷阱，还会在未来别的道路上帮助你甄别那些机遇和陷阱，让你变得更加谨慎、更加理智。学会寻找事物的规律、世事的规则，这些都可以成为你的收获，并在未来的每次考验面前帮助你。

我们应该趁着年轻进行各种各样的尝试，不要害怕摔跤、失败，因为失败不过是人生的一种形式，就好像过街天桥或者是地下通道，经过这个阶段，我们可以达到我们想到的地方，然后继续前进。当你尝试过这种形式，就知道它没有什么了不起，只是让你增长才干的另一种别致的方式。人生只有失败过才懂得成功的真正意义。从失败中爬起来的人，才能够真正屹立不倒。

网易的CEO丁磊说过一句话："人生是个积累的过程，你总会有摔倒，即使跌倒了，你也要懂得抓一把沙子在手里。"正是抱着这样的态度，他在2001年9月因误报2000年财务收入，违反美国证券法而涉嫌财务欺诈，被纳斯达克股市宣布从即时起暂停交易，接着又出现人事震荡后，才能够不被失败击倒，硬是挺了过去。这也成为一个转折点，他将"网易"的三大业务重点锁定为在线广告、无线互联和在线娱乐。2002年是中国短信"爆炸"的一年，丁磊恰巧因此抓住了这个机会，2002年 8 月后，网易变成暴利企业。美国纳斯达克股票交易市场很快恢复了网易公司的股票交易，不久，丁磊和胡润被《福布斯》双双评为"中国首富"。

失败当中蕴藏着巨大的机遇，如果你能够从正面看待这件事，不被打倒，说不定就会"柳暗花明又一村"。我国古代的哲人很早就提出“祸福相倚”的说法，认为“塞翁失马，焉知非福”，外国也有“上帝为你关闭了一扇门，必定会为你在别处开一扇窗户”的谚语。可见，失败并不都是坏事，如果能够挺过去，接受教训，并因此到别处寻找机遇，说不定又会另有一番局面。

年轻人不要悲观，年轻时总是失败并不可怕，因为你还有“翻本”的机会，这总要比七老八十以后失败好得多吧！不要总看自己的阴暗面，只要努力，接受教训，总结经验，也许成功就在前面等你。

不要说自己没本事，相信自己是最优秀的

一个人有没有本事是怎样界定的呢？无非就是他手中握着什么。每个人手中总有自己特殊的禀赋，只不过他自己没有发现而已。年轻人说自己没有本事，无非是认为自己年轻，没有历练过，学历低，或是比别人的头脑慢一点，总被别人嘲笑笨，除此之外还有别的吗？要知道本事这种东西包括更广的含义。

也许你并不聪明，但你确定自己的运动细胞也不好吗，还是动手能力也比别人差，还是不会与人交往，或没有专注力？一个人不可能一无是处，你觉得自己一无是处，是因

为你还没有发现自己的长处在哪里，而并不代表你真的没有长处。“这个世界并不缺乏美丽，而是缺少发现美丽的眼睛”，一个人一定要仔细寻找自己的长处在哪里，哪怕是小小的长处。

大仲马在成名之前，穷困潦倒，有一次，他跑到父亲的老朋友那里，请他帮忙找工作。父亲的朋友问他：“你能做什么？”“没有什么了不起的本事。”“数学精通吗？”“不行。”“懂物理吗？或者历史？”“什么都不知道，老伯。”“会计呢？法律如何？”大仲马满脸通红地说：“我真惭愧，现在我一定要努力补救我的这些缺点。我相信不久之后，我一定会给老伯一个满意的答复。”他父亲的朋友对他说：“可是你要生活啊！将你的住处留在这张纸上吧。”大仲马无可奈何地写下了他的住址。他父亲的朋友见了大仲马的字后，高兴地说：“你的字写得很好啊！”大仲马备受鼓舞，从此以后就坚定地踏上了文学之路，并最终成为一代文豪，惊动法国、惊动世界。

人一定要努力寻找自己的长处，哪怕这个长处再微不足道，因为它是你信心的源泉，是你走向成功所握有的唯一武器。不要说自己没有本事，那是因为你还没有找到，在这个世界上，谁都不会一无是处，只有善于挖掘自己的“宝藏”，才能创造奇迹。

不但如此，而且，本事这件事并不是固定的，现在你一无所长，并不等于将来你也会一无是处。只要有足够的努力，每个人都可以拥有自己的一技之长。也许现在你不如别人，但只要你每天都能进步一点点，你很快就可以超越别人，甚至成为一个很优秀的人。

那些有大成就的科学家，他们小时候无一例外地被别人嘲笑过笨：爱因斯坦小时候动手能力很差，一个小板凳都能做三遍还非常粗陋；诺贝尔化学奖得主奥托·瓦拉赫曾被老师评为“不可能在文学上有前途”“在绘画艺术方面的不可造就之才”，大多数人都觉得他成才无望；成功学大师卡耐基曾被评为“公认的坏男孩”，连父亲都评价他是“全郡最坏的男孩”。可是，最终这些人都通过自己的努力成为世界上最成功的顶尖人物。

所以，现在没本事、没优势，代表的仅仅是过去一个时段的事情，只要相信自己，不断奋进、不断进步，终有一天，你也能够闪耀自己的光辉。不要纠缠于自己没有出人头地、自己没本事的念头，本事都是学出来、积累出来的，只要你相信自己，就一定会有出路。自信对于成功的作用至关重要，就算有再多的人否定你，你也不要否定自己，因为人生的成败最终还是握在你自己手中的，如果你自己放弃，那就真的无可挽救了。

年轻人不要轻易否定自己，觉得自己不够聪明，就要不断努力充实自己，增加自己的经验；觉得自己眼界不够广博，就要增加自己的阅历，不断学习和阅读，走不同的地方，你的见闻终有一天能够拓展。每个人都有缺点，如果你能够弥补或者避开，你就是完美的。上帝公平地赋予了每个人一项特长和技能，所以不要说自己没有本事，而要善于发掘自己的本事，善于培养自己的优势。只要相信自己，你的人生就有无限可能。

成熟的人懂得如何让自己拥有信心，当他们仅仅有潜能的时候，他们不会轻易否认自己、放弃成功，而是会召唤自己的努力和热情，发掘出自己的优势，培养出本事。这样一来，再平凡的人也会走向成功。

经验未必会带来成功，关键靠优势

经验固然能够使你走向成功的步伐更快一点，但是经验并不是全部，不可能代替能力、信念等，一个年轻人想要走向成功，不能仅仅靠经验，因为这不是你的强项。

和那些三十多岁乃至四五十岁的人比，你所具有的匮乏经验一点优势都没有，想要在这方面赢过别人，无异于痴人说梦。不过这不等于你就没有成功的机会，经验是优势，同样也是桎梏。一个人如果经验丰富，就有可能总凭经验做事，忘了创新，思想也陷入某些条条框框无法摆脱，解决起事情来也总是受“思维定式”的束缚。这样看来，有经验本来是好事，但是，一旦经验深入直觉和习惯，就是一件可怕的事情了。

励志圣经《羊皮卷》曾经对经验有着如下评价：“经验确实能教给我们很多东西，只是这需要花费太长的时间。等到人们获得智慧的时候，其价值已经随着时间的消逝而减少了。经验和时尚有关，适合某一时代的行为，并不意味着今天仍然行得通，只有原则是持久的……”

因此，我们要追寻的其实就是某些持久的原则，如经营，如坚持。年轻人想要获得优势，就要靠经营。只有明白了经营什么、怎样经营，我们才可能获得更长久、更牢固的优势。

那么年轻人普遍的长处到底在哪里呢？怎样去经营才可能更出色？年轻人想要获得成功，一定要在以下几个方面下功夫。懂得经营最基本的几个方面，你才可能得到最长足的发展，才可能在某些领域获得全面的成功。

首先，用知识武装自己的头脑。有句话说得好：“你可以白手起家，却不可能赤手空拳。”这是一个信息大爆炸的时代，知识作为一种资本，将成为你取得成功的最基本手段。一个人没有学历不重要，但是如果没有头脑，那么他将一事无成。无论是从做事过程中吸取经验，还是通过学习、深造来获得知识，都必须要保证自己有一个“一流的头脑”。头脑专业是优势，头脑灵活也是一个优势。

尽可能在工作之余多看看专业书籍，多了解社会动向，每天都增加一点智慧，每天都进步一点点，每天都要学习。投资自己的头脑，将是这个世界上最划算的投资，它会在日后的事业中让你受益无穷。年轻人一定要勤于学习，要主动经营自己的学习力、经营自己的头脑。

其次，人脉经营。这一点大家都很明白。很多年轻人现在都特别重视在工作中的人际交往和培养自己的人脉关系，需要提醒大家的是，不要过于功利。“朋友是人生的一大笔财富”，但并非所有的人脉关系都属于“朋友”这一种，能够分清最好，但能够重情义、“买卖不成仁义在”更好。

再次，信念经营。这一点不好理解。但是，人生是需要规划的，这一点想必大家都清楚，能够出色规划自己的职业人生或者说事业人生，一个人才可能走向成功。如果你自己对未来的事情没有一个计划，既没有目标梦想，也没有具体步骤的计划，那么成功只会离你越来越远。所以，经营自己的人生就是逐渐在头脑中清醒构建出自己的未来，规划出自己每一步的战略。

最后，经营自己的习惯。一个人有着怎样的习惯，对于他的人生影响巨大，好的习惯带他走向人生的辉煌，不好的习惯会让他反复在失败中煎熬。想要成功就必须从现在开始培养自己良好的习惯，包括积极正确的金钱观念、处世观念、成功观念，甚至细小的习惯动作，都要培养。

一个毫无背景的年轻人凭什么能够脱颖而出，最终超越他的同龄人和比他成熟的那些人？答案就是对自己人生的成功把握、成功经营，只有这样，才能够真正成功。经营使你进步；优化你的生活和事业，使你有目标、清醒地活着。只有这样的生活状态，才能使你超越那些迷茫而浑浑噩噩的人。

成熟就是懂得让自己的生活更清醒一些、更理智一些，有明确的目标和企图，明明白白地过日子，不再得过且过，这就是经营的好处，是一个人成熟的表现。

成功需要机遇，更需要我们发现和创造机遇

年轻人不要抱怨自己没有机会，其实机会就在你的身边，赚钱需要有能够发现财富的眼光。只要有了这种眼光，你会发现到处都有成功的机会、到处都有财富。所以，年轻人不要气馁、不要抱怨，从现在开始锻炼自己发现财富的眼光才是最重要的。

世界上成功的机会多的是，就看你能不能用自己独到的眼光发现机会。世界上有如此多的财富，可是财富的分配并不公平。财富的聚集遵循什么样的规律呢？拥有怎样的眼光

才能发现他呢？这与一个人是否在生活中仔细观察、处处用心有关，同样也与一个人的财商有关。一个善于观察的人往往能够看到别人看不到的商机。

一位植物旅行者来到一个十分偏僻的地方观察植物，偶然间他发现一大片兰花。经过仔细确认以后，他认定这是兰花中的极品——佛兰。旅行者觉得这是上天给他的机会，因为佛兰是很有价值的观赏植物，极罕见，而且价格不菲。不久，旅行者回到了城里，他带回的几十株佛兰让赏花专家眼前一亮，那些卖花的钱更是让他成了富翁。

知道这位旅行者为什么能够获得巨大的成功吗？我认为有三点：第一，他善于观察，即使在极平常的地方也能够观察到财富。不难想象，如果他是一个对什么都视而不见的人，想必佛兰早就与他擦身而过。第二，他在自己熟悉的领域有着丰富的知识和信息。如果他不是一个植物学家，大概只会把这些极品佛兰当成普通的小草而已。第三，他不是一个书呆子，而是有着极高财商的人。一个植物学专家，就算认出佛兰，大概也只懂得它的稀有，只是好好考察一番，看看它的属性、它的特质，而不一定知道它的市场价值；即使知道，也不一定认为它应该从山中被带走来到俗世之间。如果是那样，他依旧会与巨大的财富擦肩而过。

所以，想要取得成功，就应该有这些特质，这些与眼光有关的东西，是我们获取财富的首要条件；如果没有，就算把黄金摆在我们面前，我们大概也只会认为那是一块颜色鲜艳的石头。

年轻人要懂得自己真正需要什么，当你真心在追求财富的时候，就应该知道哪些东西和信息在你这里意味着财富。有时候，即使看到满眼的财富，如果它不是属于你的，那么挖掘它也不过是浪费时间而已。我曾听过一个小故事，在淘金的年代，一对父子听说一座山上有着金矿，就把那座山买了下来，自己进行掘金。但是，他们花费了近十年时间，仍没有任何收获。于是，他们把这座山卖了。买这座荒山的人是一个地质学家，他通过自己的勘探，认为这座山的确蕴藏着黄金，于是请人帮他在藏金的山脉间挖掘，果真开采出了不少金子，并且距离那对父子挖的地方只有十几米而已。

所以说，虽然这个世界上遍地黄金，但并不是任何人都能赚到。比尔·盖茨只能赚计算机软件的钱，如果让他在船舶业发展，大概要赔惨了。能够在你熟悉的领域，拥有自己独特的眼光和赚钱的决心，即财商，你才可能真正获得成功。

时刻注意周围的信息，只有足够的信息才能为自己发掘赚钱的道路，一个人如果闭门造车，天天坐在家里等待机遇，馅饼是不会掉在他头上的。一个信息灵通的人，会在平淡中发现神奇，在普通中发现特殊，在别人看不见的领域发现获取财富的机遇。一定要不断扩展自己获取信息的渠道，因为那对于你来说很可能就意味着获取财富的机遇。

中国技工刚刚出现短缺的那几年，一位朋友通过报纸得到了这一信息，并迅速成立了一家技工培训公司，现在他每年都向那些制造业发达的地区输送不少技术人才，也为自己带来了大量财富。

通过训练，每个人都能够拥有一双发现的慧眼，年轻人不要再抱怨自己没有机会，睁大眼睛寻找自己身边的机遇吧！

贵人可贵，但要自己找

涉世之初，如果我们凭着一己之力，大概是很难有什么大的成就的，那些登上成功顶峰的人，大多接受过“贵人”的扶助。贵人不可能无缘无故地来到我们身边，更不可能无缘无故地帮助我们，人生中的机会和贵人都需要我们自己去寻找。

可能很多凭着自己能力工作的年轻人都会觉得不平衡，为什么别人的父母在社会上有那么多关系，而自己却要靠着能力在最底层拼搏？很多人都希望自己能遇到赏识自己的人，把自己带到一个能够展示自己能力的位置上，其实这样的机会并不是没有，只是，它肯定不会无缘无故被你碰到。

千里马之所以为“伯乐”寻找到，是因为绝佳的奔驰本领和稀有性，这个世界上千里马稀少，而有才华的人却比比皆是。每个人都想要寻找他心目中的“千里马”，寻找有才华的人，但是他们往往是从自己的身边找起，且决不会注意一个毫不起眼的人。一个人想要被别人慧眼识珠或者找到他的贵人，就必须有与众不同的地方，就必须有吸引人眼球的能力，才可能被找到、被重用。人生的贵人，需要我们自己去寻找，甚至需要我们自己去培养，这不是朝夕之功，想要成功，就必须付出更多的努力。

贵人要靠自己去寻找。韩愈在成名之前曾经寻找过很多出仕的机会。他写信拜会宰相，写信给韦舍人，写信给襄阳大都督要求引荐，他的不少拜谒之词最终成为千古名篇。每个希望在某个领域有所成就的人，都应该积极寻找成功的办法，而寻找自己的贵人，无疑是一种快捷的方法。贵人并不会时刻在我们身边等待着发现我们，要靠我们自己去寻找、自己去接近。

贵人凭什么要帮助你，一个人怎么会无缘无故地帮助另一个人呢？有些人有关系，是因为彼此间有交情，或者是双方都希望建立互惠的关系。别人不会无缘无故地赏识和重用你，所以你必须让自己身边的贵人看到自己的能力，看到自己可以帮他实现的价值，这样贵人才可能赏识、器重、帮助你。想要得到贵人的帮助，就要证明自己的价值，证明自己值得被帮助，还要愿意帮助别人成就事业。其实，在帮助别人的同时，你也就成就了自我。

当然，可能有一些人能够遇到“贵人”完全是因为“机缘”，如果我们能够秉着善良的原则做事，那么，在我们帮助别人的同时，别人也会心存感激，从而成为我们的贵人，甚至帮助我们。

寻找自己人生的贵人是一件不容易的事情，在为此努力时，我们首先要表现自我。在公众场合表现自己与众不同的能力，让伯乐能够看到你，认识到你的与众不同，知道你的存在，意识到你可以帮他，这是让伯乐快速找到千里马的一个好方法。现实中有很多适合年轻人表现自己的机会，比如，公众面前的演讲机会；自己可以在某个项目中建立功勋；当公司遇到瓶颈问题的时候，你能够想到很好的解决方式；当决策者有一个巨大错误的决定时，你能够坚决阻止等，这些统统是表现自己的极好机会，不要错过，也许你将因此获得贵人的赏识和重用。

其次，积极去寻找贵人。对于可能帮助你、可能成为你贵人的人，要积极与他取得联系，向他讲述你的志向和想法，让他承认你，认可你的才干，愿意帮助你。MySee总裁高燃曾拿着电子商务的计划书在电梯中堵过杨致远，虽然没有结果，但是他这种积极寻找“贵人”的行为是值得效仿的。后来，他通过采访远东集团董事长蒋锡培的机会，向他讲述自己的请求，最终在蒋锡培的资助之下创立了MySee。

你一定要有自己的想法，如果你觉得身边的哪个人能够成为你的贵人，一定要积极谋划接近这个人，找机会向他讲述自己的想法，这样才可能找到属于你的机会和贵人。

最后，培养自己的贵人。我们不单单可以通过寻找获得贵人，也可以培养对自己有帮助的人。比如，某些人虽然目前处在落魄阶段，但他的能力和魄力注定了他能够东山再起，这时候我们不妨帮助他摆脱困境，那他自然就会成为我们登上人生顶峰的“贵人”。

历史上著名的红顶商人胡雪岩，他的发迹正是从他资助友人王有龄开始的。当时，王有龄原已捐了浙江盐运使，但无钱进京，胡雪岩慧眼识珠，认定其前途不凡，便资助了王有龄500两银子，让他速速进京谋个官职。后王有龄在天津遇到故交侍郎何桂清，经其推荐到浙江巡抚门下当了粮台总办。王有龄发迹后并未忘记当年胡雪岩知遇之恩，于是资助胡雪岩自开钱庄，号为“阜康”。之后，随着王有龄的不断高升，胡雪岩的生意也越做越大，除钱庄外，还开起了许多的店铺。“士为知己者死”，在别人落魄阶段培养的自己的“贵人”，日后他自然不遗余力地帮助你。

想要有所发展，想要获得贵人的帮助，就要从自己的手边做起，不能一心想着别人会无缘无故地帮助你，你首先要证明自己的实力，善于帮助别人，才有可能使别人愿意帮助你。

第12章

你对待对方的心态，决定了你的婚姻状态

恋爱的甜蜜使得每个人都无限向往，而不同的人在自己的花园里看到的景象大为不同。这里的关键是心态的作用。积极、主动、消极、被动等复杂的心理状态左右着恋爱的结果。在经历一番博弈后，当人们由恋爱走入婚姻的幸福殿堂，身份发生了巨大的转变，心态也自然要跟着升华。

相同的人生观价值观让婚姻走得更长久

人们对婚姻往往都经历了从憧憬到迷茫再到理智的思考过程，我们从不否认婚姻中爱情的伟大和纯真，但爱情不是婚姻的全部。两人相爱可以是单方面的，可以无偿付出。但是，婚姻不同，它是两个人共同的事业，是两个人并肩作战的合作，是两个人用心经营的成果，是两个人一生无憾的牵手，是两个人共同的选择！

第一次与丈夫王民相遇时，艳红正在读大三，而丈夫在读大二。这时，大三的艳红被老师安排到了王民所在的系里做辅导员，身为团支书的王民因此有了和艳红接触的机会，两条毫不相干的人生轨迹出现了交叉点。

艳红在做了辅导员之后，认识了王民，一次偶然的机会，两人东拉西扯地聊天起来，她发现刚开始他有点紧张，后来，两个人慢慢放松了下来，竟然谈了很长时间。他讲起了他周围的事情，也谈起了人生，她很惊喜地发现他是那么单纯正直，同时，也很诧异他很多观念竟然和自己如出一辙。这次交谈拉近了他们心灵的距离，他们的接触逐渐增多了。他们都意外地发现对方竟然和自己如此志同道合：同样喜欢古诗词，同样喜欢书法音乐，同样喜欢文学写作……就这样，浪漫的爱情开始了。

恋爱后，他们常常结伴出游，旅行时的心情要比眼中的美景更令他们印象深刻。一次，他们坐船回来。深夜里，只听得到水流的声音，这时的船仿佛一个大摇篮，摇得很多人跌入了梦乡。而王民和艳红却很清醒，他们悄悄来到了甲板上，披着床单席地而坐，四周一片漆黑，所能看到的就是夜空中闪烁的星星，志同道合的他们就对着星空忘我地聊起古诗、对起诗词来了，仿佛世界上只剩下了他们两个人……

一晃几年过去了，结婚便成了顺理成章的事情。有人说，婚姻是爱情的坟墓，但是，他们俩用事实证明了志同道合的爱情在婚姻中可以历久弥新。他们常常会有心有灵犀的感觉。一天，艳红半夜醒来，一时不能入睡，就想起了白天看到的一款手机，觉得真的很漂亮，想着想着，脱口而出了一句："那款手机可真漂亮啊！"她本以为丈夫已经睡着了，可是，没想到王民也笑着说："我也在想那款手机呢，没想到你和我一样！"还有一次，丈夫在外地出差，思念他的艳红给他发了一条短信，没想到丈夫的短信也同时来了，原来他们竟能隔着空间心灵感应。

如果这样继续下去，那么他们的幸福也和其他家庭的幸福雷同了；可是，他们是一对有着共同梦想的夫妻，为了心中共同的愿望，他们相互影响、相互支持。王民从小就有一个律师梦，这种愿望伴随着年龄的增长反而愈加强烈，所以，仅有大专文凭的他在结婚后报考了法律专业自学考试，因为只有考上了本科才有资格参加全国司法考试。和丈夫志同道合的艳红也和丈夫一起并肩作战，参加法律专业自学考试。刚开始参加自学考试时，他们碰了一鼻子灰，丈夫一门也没通过，而艳红也只通过了一门，他们很沮丧，甚至想放弃了。在看到一位朋友报考了五门竟然有四门都通过时，夫妻俩的倔强劲儿就上来了："我们为什么就不可以通过呢？我们一定也行！"于是，他们又互相鼓劲，向梦想冲刺。

为了找资料，他们常常要逛很多的书店；为了准备考试，他们常常在深夜里埋头苦读，困了就拿冷水洗脸。夫妻俩一人一个房间，互不干扰，却也相互勉励。谁能相信已经安定的婚后生活可以过得这样辛苦呢？因为有爱，因为志同道合，他们能一起努力，心反而贴得更近了。终于，他们都顺利通过了法律专业自学考试。虽然自学考试通过了，可一年一度的司法考试还在等着他们。夫妻俩一鼓作气，又开始了看书、查资料的学习生涯。经过一个又一个苦读的夜晚之后，丈夫终于通过了司法考试，成为一名律师，而艳红最终也成了一名执法人员。

因志同道合而结合的王民和艳红感情基础更加牢固，双方的世界观、人生观、价值取向、爱情婚姻观相同，甚至在性格上也有相似之处，能做到优点共勉、缺点包容，有类似的人生经历、共同的奋斗目标或追求，所以他们的感情牢固坚贞。

和志同道合的人结婚，婚后感情能更加深厚，因为两人能用心经营、求同存异，一切为了爱、为了共同的责任和义务而努力，奉行“事业支持家庭，爱情保障婚姻，爱心永保幸福”的婚姻理念，事业上互相支持、互相鼓励，生活上互相关心、互相体贴，情感上互相理解、互相满足，从而成为事业上的好战友、生活上的好伴侣、情感上的好榜样。这样的夫妻，婚后的感情自然是坚不可摧！

婚姻是否为“坟墓”，全在你自己的态度

“婚姻是爱情的坟墓”，这是一句尽人皆知的名言。但若我们认真思考，便会发现此言差矣。从客观条件出发，婚姻是让你和成长背景、生活习惯、宗教信仰不尽相同的爱人生活在同一片天空下。你们也许会因为种种差异而发生争执、矛盾；但同时，你也能从对方身上学到珍惜、理解、包容……怎么能轻率地将婚姻视为爱情的坟墓呢！

婚姻和爱情并不是矛盾的两端。爱情是一种付出，需要

回报；婚姻则是责任，而不仅仅是爱情。婚姻中更多地需要用实际行动表达，所以婚姻不是爱情的坟墓，而是爱情的试金石。事实上，婚姻和爱情既是两个不同的概念，又是相互包容的共同体，只有相互融合在一起，才能使你和爱人共同享受美满的婚姻、完整的爱情。

语晨跟丈夫是在大学校园里认识的，两人交往了六年多，才步入婚姻的殿堂，恋爱时候也分分合合了好几次，但爱情最终战胜了所有困难。语晨说："就在我们要去登记时，我又犹豫了，六年多的感情，在那一刻突然觉得淡得不见了踪影，莫非我们真的跨进了爱情的坟墓？还是我患了婚前恐惧症？"丈夫在一边安抚她说："的确，我们的爱情淡了，但是我们的感情已不知深了多少倍，我们的爱情已经在不知不觉中转变成了亲情，是比爱情更亲近的，两个人变成一个人了的亲近。"于是，他们结婚了。结婚后，丈夫对她还像以前那样，只是责任感更强了。丈夫喜欢拿着他们的结婚照点评，最喜欢那张他穿中山装、语晨穿旗袍的，因为这样看起来他是家长、是户主，很有权力、很有地位；而语晨则小鸟依人，很乖。语晨就不喜欢这张，说丈夫像个封建地主家的老爷，自己像个姨太太。

类似的分歧不止出现在欣赏照片或者看电视这些琐事上，装修房子、买东西时，两人也会出现语言战争。但是，丈夫会让着语晨，因此两人没有哪次会因为意见相左而真正翻脸。语晨说："婚姻里，双方要互相尊重、信任，也正是走入了婚姻，我才学会了容忍。老公很多缺点，这些在婚前我是没发现的，比如，丢三落四。我家的伞是买了丢丢了买，还有手套、围巾，真是到他手里就有去无回了。开始我还发脾气训他一番，后来也懒了，唉，丢都丢了，说又有什么用呢？毕竟丢了还可以再买，真吵伤了感情就难补救了。"如今，他们有了可爱的宝宝，家里更是添了许多欢笑。丈夫总说语晨心里只有儿子了，说自己不高兴了，非常吃醋，不过语晨知道，丈夫心里美着呢。尤其是当别人说儿子长得像他时，他真是得意忘形了。

语晨幸福的婚姻，完全没有坟墓的影子，语晨自己都说，将婚姻看成爱情的坟墓实则是种悲观的想法。婚姻不是爱情的坟墓，而是一面放大镜，放大了爱情的千疮百孔。有的人会在婚后小心翼翼地把这些缺陷补好，而有的人只会不断地制造新的伤痛。婚姻中的爱情是需要经营的，为了给爱情保鲜，我们需要用心去对待自己的爱人。

在婚姻中，两个人仍然是独立的，并非相互占有。女人如果过分地要求丈夫、牵制丈夫，只会使自己的个性丧失，使生活中的磕碰变得频繁，使丈夫感觉疲倦。明智的女人会若即若离、不温不火，既维持整体性又不失去个性，以此吸引丈夫。切记：丈夫不是物品，更不是笼中之鸟，不要试图改变他、干涉他，这样做只会弄巧成拙，让对方想方设法地逃离牢笼。

星月结婚不久就惊讶地发现，原来在她心中那个近乎完美的丈夫其实有很多小毛病，特别是生活习惯上。说出来，怕他觉得丢了面子；憋在心里，久而久之很难受，常常感到莫名的郁闷和烦躁。有一段时间，丈夫因为工作上的原因，回到家后对她总是火气不顺，怎么看都不顺眼。其实星月能理解，这就像她看他不顺眼一样，但她还是忍不住憋了一肚子的怨气，想改变他这些毛病。终于有一天，她忍不住了，于是开始口出恶语，时间久了两人的感情自然受了影响。

有一次，星月妈妈打电话来说不舒服，她急着回家看妈妈，可当时正和丈夫处于冷战阶段，所以把心里想说的话打了出来，给老公发了一封邮件。几天后她发现丈夫回了一封“投诉信”：她总是试图改变他的性格，让他烦躁不堪；同时说最近心情不好是因为工作方面的问题，希望和星月和好。

此后，星月试着调整自己的处理方式，和丈夫的关系果然好了很多。

确实，婚姻不是相互改造，而是相互适应。星月的改变促使她的婚姻在幸福的轨道平稳运行开来了。

你和爱人从恋爱到步入婚姻的殿堂，再携手走向银婚金婚，注定会经历一系列的观念变化，这是你们两个人不断走向成熟的心路历程。恋爱是浪漫的、梦幻的，而婚姻是现实的、质朴的。经营得当的婚姻不是爱情的坟墓，它会给予你充实感、安全感、满足感、舒适感，是一种稳固、愉悦的互补关系，如潺潺流水般记录着你的幸福安宁！

你快乐，婚姻也会变得快乐

婚姻对人们来说，不仅意味着浪漫与甜蜜，还意味着付出与牺牲、责任与义务、磕绊与碰撞、甘甜与苦难、容忍与尊重。如何描绘你的婚姻生活，是如意还是不满，全在于你的心态。快乐就是一种阳光心态，女人离开了良好心态的滋润，婚姻之河将毫无色彩可言。

要做快乐的女人，并不需要一切东西都是最好的，只要能满足于自己已有的一切就足够了；要做快乐的女人，并不需要生命中的一切都一帆风顺，只要能用积极的心态去对待生活，一切就足够了。婚姻生活是可以由自身主观努力去把握和调控的，女人有什么样的心态，就会有什么样的生活和命运，而快乐的心态就是调控和谐婚姻的控制塔。

一个晚上，若梅参加了一个饭局，做东的是一个做生意的朋友。在他们这个小小的地方，朋友的生意几乎占据市场的一半，这几年，她赚得盆满钵满，已经是一个不大不小的富翁。

一阵寒暄、客套过后，若梅问她一天能赚多少钱，她愁眉苦脸地向若梅大吐苦水："这些天生意比较清淡，每天只能挣1000元，我和老公为此吵了好多次架，弄得最近心情一直不好。"若梅和众人皆很惊讶。此后都是这位朋友在苦恼，她直言自己一点也不快乐，现实与自己的目标太远了，婚姻也不如意。

饭局过后，若梅回到家里，她看见刚从街上贩小菜归来的丈夫，喜气洋洋地在饭桌上数钱，便问丈夫："今天赚了多少钱？"丈夫笑眯眯地说："净赚25元。"看着丈夫兴奋的样子，若梅觉得眼睛有点湿润，丈夫一天赚25元，怎么比那个轻轻松松一天挣1000元的人要快乐得多，若梅与丈夫说了晚上的事情，问丈夫为什么比她朋友要快乐得多，丈夫说："老婆，快乐就是我们心中的期望，也是我们的欲望，别期望太高了，越高就越不容易得到满足。我每天只愿望挣到20元，今天我挣了25元，我的愿望达到了，所以我开心知足了。你的期望别太高了，只要有一点点达到，你的目标与理想就会实现，你也会越过越快乐的。"

是啊，快乐的本质并不在于得到多少，而在于心态。决定一个人婚姻如意的关键也正是"快乐的心态"。婚姻中总会有各种各样的事情发生，我们都无法预料明天可能会发生什么，但我们可以用快乐的心态做人生的指挥官，相信自己才是自己婚姻的主宰。在婚姻中，我们常会陷入"钱就是幸福”的误区，若梅朋友的故事告诉我们，快乐就是快乐，与物质、金钱没有任何关系。

金钱的多少并不能衡量婚姻的质量，而对婚姻的态度却往往能改变生活的走向。无论一个女人多么有能力，如果缺乏快乐的心态，她就没有如意可言。快乐的心态产生的能量是巨大的，有了它，女人就能把握住自己的婚姻，尽享幸福。

拥有快乐心态的人，才能承受婚姻中的种种压力，并有勇气挑战各种困难和挫折；拥有快乐心态的人，才能让痛苦和烦恼远离自己，感受恬静婚姻中的甜蜜爱情。婚姻是人生中无法后退的生命之旅，面对神圣的婚姻殿堂，我们要静静地思考、细细地品味，在淡然豁达中享受婚姻生活，让自己活得精致而有意义，将家庭经营得融洽而和谐。

“性格决定命运，心态决定姿态”，可见婚姻的质量如何，首先取决于你自己的心态，不同的心态会对婚姻产生不同影响。一个人的婚姻是否幸福，不能看他所享受的物质生活，因为有钱的不一定就觉得幸福，而经济条件不好的也未必会觉得不幸福。我们的欢乐与痛苦，其实都是自己的心态所造成的。只要我们的心是快乐的，我们周遭的一切就充满了朝气和激情。

懂得快乐生活的人，就应该在婚姻中保持阳光心态。无论婚姻生活中遭遇了怎样的不幸、艰难，都要保持一种快乐的心态：感谢上苍让你在人世轮回里遇见这个“十年修得同船渡、百年修得共枕眠”的爱人。婚姻中有晴天丽日，也难免阴雨霏霏，但有了快乐心态就可以超越恐惧、自卑、胆怯、气馁，充满自信、乐观地面对一切。

人有了快乐的心态，就有了战胜失败和挫折的勇气和信念；人有了快乐的心态，就有了健康的精神与兴趣；人有了快乐的心态，就有了永远保持魅力的资本；人有了快乐的心态，就有了婚姻和谐、人生幸福的必胜宝典！

做自己的主人，不要过于依赖别人

“敏敏，我都快郁闷死了，刚才妈又来电话催了，今年再嫁不出去我就去出家当尼姑了……”王敏和闺房密友佳的谈话，大多数的话题都是讨论佳现在的男朋友怎么样，或是如何帮她找男朋友确定终身大事。王敏看着品着茶一脸无奈落寞的佳，一时间也不知道该说什么好。三十出头的佳是那么青春靓丽，怎么就那么难找对象呢？

“上次给你介绍那个博士，不是挺不错的吗？能不能别那么挑啊？”

“哪里是我挑啊？关键是我看人家根本没有处对象的意思啊！”

“怎么会呢？我打电话问问。”一通电话下来，王敏只有“嗯”“啊”的份，因为博士太能总结和归纳了，没有给她插话的机会。博士只是举了几个很平常普通的相处细节，然后用一句话总结了他们不合适的症结所在——王佳太依赖人了！

依赖是相对于自立而言的，依赖思想太强则意味着自我的弱化、独立的丧失。可以说，依赖对于女人来说是一个陷阱，一旦掉入这个陷阱，便难以自拔。

每个恋爱、婚姻中的女人都会面临着这样两难的困境：只有相互依偎在一起，才能感觉到爱情的甜蜜；但是如果靠得太近，又担心有一天会被伤得很深。而一旦依赖太深，我们的生活便会变得不再像从前般单纯、快乐，你会时刻感觉到你的生活中不能没有他：马桶坏了不去打物业的维修电话，而是请求他的帮助；灯泡闪坏了不去自己搭凳子来换，而是寻求他的援手；一个人不敢在雷电交加的夜里睡觉，而是渴望他的保护；一个人不愿在厨房忙活烧菜，而是希望他的陪伴；一个人不想独自无聊地去看电视，而是期待他的情话……

圆圆的丈夫学历较高，工作很好，有较高的薪酬，而她自己是护士，他们结婚五年，圆圆给丈夫生了两个孩子。在做母亲后，圆圆便把工作辞掉了，她的角色是家庭主妇及母亲，她需要操持家务，照顾孩子与丈夫。随着时间的流逝，圆圆越来越依赖她的丈夫。

这时，丈夫的工作显得非常重要，因为家庭的维持全靠他，他的成功即是圆圆的成功，也是家庭的成功。他是这个家的中心，圆圆和孩子都指望着他。圆圆所做的一切都是为了他、为了他们的孩子，一旦丈夫工作上出了问题，圆圆也就有了问题。

渐渐地，圆圆接受了这种关系，因为这是她所习惯的生活方式：她的婚姻就是以她父母以及她成长时所看到别人的婚姻为蓝本的。慢慢地，她对丈夫的依赖取代了她以往对父母的依赖。同样，她丈夫也希望圆圆温柔、体贴。因此，两人都得到了他们所寻求的东西。又过了七八年，他们的婚姻危机爆发了。圆圆开始感到束缚、不满，因为她未能作出更多的事，没有成就感。而丈夫却越来越光鲜照人，事业有成。

善良的丈夫便鼓励圆圆去做她想要做的，更自信些，主宰她的生活，不要为自己感到遗憾，也不要只为他和孩子活着。这些与她当年结婚时所想的首次有了冲突。丈夫对圆圆说："如果你想出去工作，为什么不去找呢？也可以再回到学校去进修啊。"随后，圆圆遵循自己的想法和丈夫的意见，重新经营起自己喜欢的工作。在她逐渐摆脱对丈夫的依赖后，生活和家庭也变得更加和谐了。

虽然当今的女性较以前独立，但在婚姻中还是难免形成依赖丈夫的状况。这种现象的产生，一是由于女人在小时候的家庭中养成的这种依赖心理。但是，恋爱、结婚后，对父母的依赖自然而然地转为对丈夫的依赖；另一种是由于女人在现代社会中依然处于比较弱势的地位，所以在结婚后丈夫便成了靠山。即使她们在工作中争强好胜，她们在生活中依然想找一个停泊的港湾，像圆圆就是如此。

从心理上说，要跳出心理上的舒适圈是艰难的。依赖这一毒素会以各种各样的方式侵入生活，让更多女人从依赖中得到满足，因此，依赖往往难以戒除。圆圆能摆脱这种依赖，则来源于对心理独立的不断认识：不再勉强自己去迁就各种情面或关系、做自己不愿做的事、跟着丈夫走等，学会积极思考，独立自主地决定自己的事情。

女人心理上独立便是无须再依赖别人，但不再依赖他人并非是不需要。依赖与需要是两回事。心理上的依赖，说明你有一种情绪：无论你做什么事，你都想看看他，你自己没胆量、没信心去做。如果他不在身边，你便会感到无助，茫然不知所措。而心理上的需要，是指你有一种交往上的需要。在生活中，你需要爱情的理解与关心等，这种需要能完善你的人格，让你的品质得到塑造、境界得到升华，如此，你的人生才能更加充实、丰富而有意义！

再热的水也会凉，定期给婚姻加温

“看他们的家庭多幸福！”我们常常赞叹他人的婚姻幸

福，其实，幸福的婚姻不是凭空而来的，而是需要不断调整心态、不断学习的。只有我们最知道自己婚姻的优势在哪、问题在哪儿，也只有我们能尝试采用积极的方式进一步发展优势，尽量解决问题。

不仅是生活中需要一个好的心态，婚姻中更是如此。身处围城之中，很多事情都不是我们自己能决定的。既然你无法改变自己的爱人，那不如改变自己对这件事情的态度，保持一个好的心态，努力让自己拥有一份好的心情；心情好了，自然看一切都顺眼、做一切都顺心，正所谓“境由心生”，如果你每天都能保持一份好心情，那么，你眼中看到的将会是鲜花和美景，属于你的婚姻生活也会变得快乐而美满！

莉从来不吃葱、姜、辣椒，一吃就难受。但是，每次炒菜之前，她总要先切上一碟辣椒，然后用姜丝拌蒜泥，再浇上半勺滚烫的花生油，因为这是丈夫喜欢吃的。莉很乐意地做这一切，甚至把它当成一种享受。当然，她有时也会发发牢骚：“你就知道吃，我为你做了半辈子的保姆，什么时候你能做一顿像样的饭菜给我吃呢？”丈夫总是呵呵一笑，说：“你做的饭菜是最香的，别人做的我还不吃呢！”

莉想想也是，这么多年，丈夫都非常爱自己，这样一想，莉的心态便调整过来了。一次莉生病了，丈夫急得眼睛都红了，拉着她的手不停地问：“你想吃什么，我帮你做去。”莉笑笑说：“你会弄吗？”“我会，我这就去。”说着丈夫就走进了厨房，本想给莉煮碗热腾腾的鸡蛋面，可是，手背上被油溅了几个红点不说，面还弄糊了，尝了一下，味道也不对。丈夫只好悄悄下楼到对面餐馆买了一碗牛肉面，小心翼翼地端到床前，低着头对莉说：“不是我自己做的，我做不好……”莉的泪花已经在眼里打转，她说：“你有这个心就够了。”

莉的身体康复后，他们又恢复了以往的日子。每天饭前，莉还是会雷打不动地准备一份姜丝辣椒。

莉和丈夫就是一对平凡的夫妻，但他们相处中的一点温情就足以暖透人心。多年如一日，做丈夫喜欢吃的菜谈何容易，莉也有怨言，但她贵在能主动调整心态。其实，要让婚姻幸福并不如想象中那么难，只要我们用一点点心，能调整心态多为对方着想，让对方感受你对他的重视和关爱，那婚姻就能幸福和谐地走下去。婚姻是需要两个人共同来经营、呵护的，两个人在一起，当恋爱的激情褪去之后，以后的漫长岁月就更需要细心和体贴了。

婚姻犹如一艘航行在浩瀚大海的航船，当船触礁时，遇险的绝不仅仅是某一个人，而是整个家庭。成功的婚姻不是偶然的，女人切不可把婚姻中的一切视为理所当然，也不要认为婚姻就是“从此王子和公主过上了幸福的日子”，如果这样去想，婚姻一定会让我们失望。幸福不是从天上掉下来的，而需先由我们付出，经过精心培育，才能收获我们想要的爱。

敏的丈夫是一个节目主持人，人长得帅，又有口才，很多女人喜欢着她。而敏却是一个普通的女人。他们结婚三年了，他越来越红，她还是从前的样子。敏知道丈夫是靠嗓子吃饭的，在他去上班的时候，她一个人在家，就给他剥莲子，把莲子里小小的心抽出来，然后煮成茶给他喝。而丈夫的应酬特别多，甚至回家和她吃饭的机会都很少。后来，丈夫有了隐情，和一个女人好了，于是常常夜不归宿。

敏没有和丈夫争吵，还是默默为他剥莲子心，把细细长长的心剥出来，足足剥了一包，放在茶几上。有一次丈夫回家拿东西，看到她在屋里坐着，没有开灯。他开了灯问："你在干什么？"她在剥莲子，黑着灯也能熟练地剥。丈夫的心瞬间软软一动，喉咙有些哽咽，但刹那间他就掩盖了过去，只是淡淡地说："你能再给我煮一杯莲子茶吗？"

敏欣喜若狂，赶紧煮了一杯。望着缕缕升起的水汽，丈夫的眼睛湿了，但他还是走了。下楼的时候敏追过来，他停住，皱着眉头，以为她要死缠烂打或者骂他。但敏只递给他一包东西，那是她剥好的莲子心，她说："不要忘了，多喝对你嗓子才好，你还指着嗓子吃饭呢。"此时的丈夫已经有些悔意了，但不愿回头让她看到，终究还是毅然地离开了。那天晚上，他孤独地待在另一个房子里，拿出那包敏剥好的莲子心，用滚烫的水为自己沏了一杯。喝一口，苦而涩。再喝一口，那淡淡的苦依然在唇齿之间。第三口，苦后的一阵甘甜，化作绕指柔，搅得他的心隐隐作痛。

这清苦的莲子心水，唤起了他对往日的许多回忆，他发觉自己总在以一份追求奢华生活的虚荣心来对待敏朴实真挚的情，甚至背叛她、伤害她，然而，敏的心始终没有改变。

婚姻幸福是一种感觉，也是女人穷尽一生的追求；婚姻幸福是一种心情，一念之差就能改变女人的一切。在婚姻中，你是飞往天堂还是跌进地狱，全在你自己，善于调整心态，你才能一次又一次推开幸福的大门。

两人之间的爱是永远的宽恕，心态是走向幸福的桥梁。不要企图去改变对方，女人在婚姻中应凡事做到心中有数——调整心态、自爱独立、宽容理解、丰富生活、精心经营。若能做到这些，怎么会不幸福呢！

参考文献

[1] 李娟. 心态决定命运[M]. 重庆：重庆出版社，2013.

[2] 李卫. 别输在心态上[M]. 北京：中国纺织出版社，2015.

[3] 潘东麟. 心态决定命运[M]. 长春：吉林大学出版社，2015.

[4] 刘逸新. 阳光心态（第二版）[M]. 北京：中国纺织出版社，2016.